Veröffentlichungen des Preußischen Meteorologischen Instituts

Herausgegeben durch dessen Direktor

G. Hellmann

Nr. 302

Abhandlungen Bd. V. Nr. 6.

Der tägliche Temperaturgang in geringen Bodentiefen

Von

R. Süring

Sringer-Verlag Berlin Heidelberg GmbH 1919

ISBN 978-3-662-42299-1   ISBN 978-3-662-42568-8 (eBook)
DOI 10.1007/978-3-662-42568-8

Die Veranlassung zu dieser Untersuchung haben die Aufzeichnungen eines am Potsdamer Observatorium in 20 cm Tiefe wirksamen Bodenthermographen gegeben. Über den täglichen Temperaturgang in den obersten Bodenschichten ist noch sehr wenig bekannt. Stündliche Beobachtungen, welche ungefähr ein Jahr und darüber umfassen, sind — abgesehen von älteren Versuchen, z. B. in Brüssel und Melbourne, deren Verwendung instrumentelle Bedenken entgegenstehen — anscheinend nur für Tiflis und Belgrad, zweistündliche nur für Nukuss am Amu Darja (31. Nov. 1874—14. Okt. 1875) und für Pawlowsk veröffentlicht worden. Das sonstige bekannt gegebene Beobachtungsmaterial über Bodentemperaturen, ausgenommen die Bodenoberfläche, bezieht sich nur auf wenige Termine, meist 3 am Tage, so daß daraus ein täglicher Gang nicht ohne Weiteres abzuleiten ist.

Die lange Reihe von Tiflis (stündliche Ablesungen auf dem Erdboden und in 1, 2, 5, 12 und 20 cm Tiefe von 1880 bis 1900) ist zwar bis einschließlich 1897 in extenso veröffentlicht[1] aber nicht zusammenfassend bearbeitet worden. Es ist allerdings auch fraglich, ob eine Darstellung der Bodentemperaturen in Tiflis nach allgemeinen Gesichtspunkten möglich ist, da in dem dort anstehenden schwarzen Flußsand die hölzernen Schutzrohre schnell verfaulten. Bei dem Thermometer in 20 cm Tiefe, das zum Vergleich mit der vorliegenden Untersuchung am wichtigsten ist, sind anscheinend besonders häufig Störungen eingetreten; z. B. wird von ihm in der Einleitung zum Jahrgange 1892 erwähnt, daß sich unter dem Einflusse der Witterung Spalten in dem Holzkanal gebildet hätten, durch welche Sand und Feuchtigkeit hineingelangen konnten. Es wurde dann die Erde von der nach S gekehrten Seite fortgegraben, um die Spalten mit Mennigkitt zu dichten, aber zweifellos haben die Holzkanäle auch mancherlei andere Fehler veranlaßt. So lockerten sich namentlich die kürzeren Holzrohre bei starker Hitze und Trockenheit, und es konnte dann das Regenwasser längs der äußeren Rohrwandungen in tiefere Schichten hineingeraten, als es sonst in homogenem Boden der Fall ist. Nur die obersten Thermometer in 1 und 2 cm Tiefe waren direkt eingegraben.

In Belgrad wurden von 1902 bis ungefähr 1910 die Thermometer in 1, 5, 8, 15, 20, 30, 40, 50 und 60 cm Tiefe stündlich, die tieferen (0.9, 1.2, 1.5 und 2 m) viermal täglich um 7ª, 2ᵖ, 9ᵖ und 12ᵖ und schließlich die in 3, 4, 5, 6, 8, 10, 12, 14, 16, 18, 20 und 24 m einmal täglich abgelesen. Das Erdreich besteht bis 3.5 m Tiefe aus humosem Boden, von $3^{1}/_{2}$ bis $6^{1}/_{2}$ m aus Tonerde, von $6^{1}/_{2}$ bis 9 m aus Erde mit grobem Kies und von 9 m abwärts aus gepreßtem

---

[1] Beobachtungen der Temperatur des Erdbodens im Tifliser Physikalischen Observatorium. Herausgegeben von J. Mielberg.

Lehm. Eine Bearbeitung dieser anscheinend recht sorgfältigen und ihrem Umfange nach einzig dastehenden Messungen ist von P. Vujević in einer schwer zugänglichen, in serbischer Sprache geschriebenen Abhandlung[1]) niedergelegt, von der nur ein verhältnismäßig kurzer Auszug in der Meteorologischen Zeitschrift (Band 28, S. 289—301, 1911) erschienen ist.

Die Beobachtungen in Nukuss und Pawlowsk sind sehr sorgfältig bearbeitet worden, erstere von H. Wild[2]), letztere von E. Leyst[3]). Man hat daher meist das Material von diesen beiden Stationen für Angaben über den täglichen Temperaturgang in den oberen Bodenschichten verwendet.

Es ist auffällig, daß alle bis jetzt benutzbaren Daten dieser Art von Augenablesungen an Quecksilberthermometern stammen, und daß bisher keine Registrierungen veröffentlicht sind. Anscheinend sind die nachfolgend besprochenen Potsdamer Aufzeichnungen aus 10 und 20 cm Tiefe die ersten ihrer Art; sie verdienen daher auch von instrumentellem Gesichtspunkte aus eine etwas eingehendere Berücksichtigung.

1. **Instrumentelles.** Schon Ende der achtziger Jahre hat Jules Richard-Paris das Prinzip seines Thermographen mit alkoholgefüllten Bourdon-Rohr zum Bau eines Bodenthermographen verwendet. Ein solcher Apparat wurde 1894 für das Meteorologische Observatorium in Potsdam beschafft. Das mit Alkohol gefüllte zylindrische Thermographengefäß ist 165 mm lang und hat 10 mm äußeren Durchmesser. Es steht durch ein thermisch gut geschütztes Kapillarrohr mit dem im Registriergehäuse befindlichen üblichen Bourdongefäß in Verbindung. Um die Wirkung der Kastentemperatur auf das Gefäß unschädlich zu machen, ist ein zweites Bourdongefäß im Kasten selbst angebracht, welches nur auf die Kastentemperatur anspricht und mit seinem Hebelarm derartig in das Hebelwerk des ganzen Systems eingreift, daß die Änderungen der Kastentemperatur eliminiert werden.

Die Registrierungen mit diesem Instrument begannen im Jahre 1894, waren jedoch anfangs ganz unbefriedigend, wurden aber wesentlich besser, als der Thermographenkasten nicht nur durch einen einfachen Regenschutz, sondern durch einen mit Watte ausgefüllten doppelten Holzkasten und eine darüber greifende Zinkblechhülle gegen plötzliche Schwankungen der Außentemperatur geschützt wurde. Immerhin blieben ziemlich unregelmäßige Korrektionen bestehen, die bis 1905 viermal täglich (7^a, 10^a, 2^p und 9^p), seitdem dreimal täglich an einem direkt in den Boden eingelassenen Quecksilberthermometer (Länge des Gefäßes 25 mm, äußerer Durchmesser 9 mm) festgestellt wurden. Eine Auswertung der Thermogramme und eine ständige Kontrolle der Korrektionen wurden in den ersten 15 Jahren leider nicht vorgenommen. Im Jahre 1904 begann der damalige Assistent des Observatoriums Dr. Kühl damit, den Apparat abzuändern und zwar nach zweierlei Richtungen: zunächst wurden ein zweites Temperaturrohr, das in 10 cm Tiefe in den Boden eingegraben wurde, und demgemäß ein zweites flaches

---

[1]) P. Vujević, Temperatura tla u Beogradu. Glas Srpske Kraljevske Akademije **79**, S. 95—177, 1909. Für 1902 bis 1905 sind die Temperaturmittel jedes Tages veröffentlicht im Bulletin mensuel de l'Observatoire Central de Belgrade. Par Milan Nedelkovitch.

[2]) H. Wild, Über die Bodentemperatur in St. Petersburg und Nukuss. Wilds Repertorium für Meteorologie **6**, Nr. 4, 1878.

[3]) E. Leyst, Über die Bodentemperatur in Pawlowsk. Wilds Repertorium für Meteorologie **13**, Nr. 7, 1890.

Bourdongefäß im Registrierkasten hinzugefügt; außerdem wurde noch ein dünnes, vom Kasten bis zum Erdboden führendes Kapillarrohr mit einem vierten Bourdongefäß zur Kompensation des Unterschiedes zwischen der Temperatur des aus dem Boden herausragenden Rohres und der Tiefentemperatur angebracht. Der Registrierapparat erhielt dadurch die in der Figur dargestellte Form.

Bodenthermograph für 10 und 20 cm Tiefe.

Auf der unteren Trommel wird die Temperatur in 10 cm, auf der oberen die in 20 cm Tiefe aufgezeichnet. Das unterste Thermographengefäß steht links mit der Kapillare des 10 cm-Thermometerrohres, das darüberliegende mit dem 20 cm-Thermometerrohr in Verbindung. Ganz oben ist das Kompensationsgefäß für die Kastentemperatur und darunter dasjenige für die Kapillare des aus dem Boden herausragenden Rohrteiles. Auf Einzelheiten der Konstruktion soll hier nicht eingegangen werden, da sie — zum Teil infolge ungeeigneter Beschaffenheit der von Richard bezogenen Bourdongefäße — nicht völlig befriedigt hat. Auch konnte Dr. Kühl die Untersuchung nicht zu Ende führen, da er im Frühling 1905 an das Meteorologische Institut in Berlin versetzt wurde. Die Versuche wurden zwar von ihm im Spätherbst 1913 wieder aufgenommen, führten aber bis zum Beginn des Weltkrieges, der eine abermalige Unterbrechung bedingte, zu keinem wesentlich besseren Ergebnis als früher.

Der Bodenthermograph hat von 1905 bis 1909 die Temperatur in den beiden Tiefen von 10 und 20 cm aufgezeichnet. Als ich im Herbst 1909 die Aufarbeitung der Registrierungen veranlaßte, zeigte sich bald, daß die schwankende Amplitudenkorrektion eine bedenkliche Fehlerquelle bildete. Ich ließ daher im Oktober 1909 das Bourdongefäß für 10 cm Tiefe von dem Hebelsystem abkoppeln, sodaß lediglich das 20 cm-Rohr mit den Bourdongefäßen zur Kompensation der Kastentemperatur und der oberhalb von 20 cm Tiefe herrschenden Temperatur verbunden war. In diesem Zustande blieb der Apparat bis Ende Oktober 1913. Dann begannen die neuen Versuche mit der Doppelregistrierung. Um die Genauigkeit der Aufzeichnungen in 20 cm zu vergrößern, wurde das 10 cm-Gefäß am 15. August 1916 abermals ausgeschaltet. Es ist kaum anzunehmen, daß eine gemeinsame Temperaturkompensation für zwei Tiefenstufen gelingen wird.

Da die endgültigen Stundenwerte der Bodentemperatur aus den Abweichungen der Registrierung gegen die direkten Ablesungen des daneben eingegrabenen Quecksilberthermometers durch lineare Verteilung der für die Termine gültigen Korrektionen abgeleitet sind, so mögen einige mittlere Terminkorrektionen für Monate mit typischem Witterungscharakter mitgeteilt werden.

	20 cm Tiefe			10 cm Tiefe		
	7ᵃ	2ᵖ	9ᵖ	7ᵃ	2ᵖ	9ᵖ
1. 10 cm-Thermograph abgekoppelt.						
Juli 1911 (sehr warm)	−1.3	−0.7	−0.8	—	—	—
Mai 1913 (warm)	−0.5	−0.3	−0.2	—	—	—
Juli 1913 (kühl)	−0.6	−0.8	−0.5	—	—	—
2. gleichzeitige Registrierung in 10 und 20 cm Tiefe.						
Juli 1914 (wechselnd)	1.4	2.3	2.3	−2.0	−0.5	−0.5
Mai 1915 (warm)	0.6	1.4	1.8	−3.8	−2.8	−2.3
1.—15. Aug. 1916 (normal)	0.8	1.4	1.7	—	—	—
3. 10 cm-Thermograph abgekoppelt.						
16.—31. Aug. 1916 (normal)	1.3	1.6	1.7	—	—	—

Je stärker die Korrektion zwischen zwei Terminen schwankt, desto unsicherer ist natürlich die Interpolation. Jedenfalls zeigt die Zusammenstellung, daß selbst in einem so sonnigen und warmen Monat, wie es der Mai 1913 war, die Registrierung von nur einer Tiefentemperatur sich bei genügender Kontrolle mit einer Genauigkeit durchführen läßt, welche derjenigen anderer Apparate von der Richard-Form wenig nachsteht. Im Winter sind die Korrektionsschwankungen immer außerordentlich klein.

Für die Genauigkeit, mit welcher man Registrierungen durch Vergleichungen mit Terminbeobachtungen verbessern kann, ist freilich die Schwankungsweite der Korrektionen nicht allein maßgebend, sondern es kommt vor allem darauf an, wie die Korrektionsänderungen zwischen den Terminen verlaufen. Geschieht dies nicht linear, so ist das Korrektionsverfahren unvollständig. Um diese Frage aufzuklären, wurden 1916 an einigen klaren Frühlingstagen in rund einstündigen Zwischenräumen Augenablesungen der Bodenthermometer vorgenommen. Für den am besten dafür geeigneten Tag (4. April 1916) teile ich hier für 10 und für 20 cm die Korrektionen des Thermographen mit, wie sie sich aus den einständigen (für einige Nachtstunden interpolierten) Thermometerbeobachtungen ergeben — also die wahren Korrektionen —, ferner die nach den Terminvergleichungen linear interpolierten Korrektionen und schließlich die Differenz der beiden Zahlen, also den Fehler der linearen Interpolation. Ein negatives Vorzeichen bedeutet, daß bei linearer Interpolation zwischen den Terminen eine zu große positive Korrektion angebracht worden ist.

	1^a	2^a	3	4	5	6	7	8	9	10	11	12	1^p	2	3	4	5	6	7	8	9	10	11	12^p
										1.	10 cm	Tiefe												
Wahre Korr.	-4.1	-4.1	-4.2	-4.2	-4.2	-4.2	-4.3	-4.4	-4.5	-4.2	-3.9	-3.7	-3.4	-3.0	-2.5	-2.2	-2.2	-2.2	-2.5	-2.9	-3.1	-3.3	-3.6	-3.8
Interpol. Korr.	-3.6	-3.7	-3.8	-3.9	-4.1	-4.2	-4.3	-4.1	-3.9	-3.8	-3.6	-3.4	-3.2	-3.0	-3.0	-3.0	-3.0	-3.1	-3.1	-3.1	-3.1	-3.2	-3.3	-3.4
Fehler der interp. K.	-0.5	-0.4	-0.4	-0.3	-0.1	0.0	0.0	-0.3	-0.6	-0.4	-0.3	-0.3	-0.2	0.0	0.5	0.8	0.8	0.9	0.6	0.2	0.0	-0.1	-0.3	-0.4
										2.	20 cm	Tiefe												
Wahre Korr.	0.4	0.2	0.1	0.0	0.0	0.0	-0.1	-0.2	-0.2	0.0	0.4	0.6	0.9	1.1	1.3	1.3	1.3	1.4	1.2	1.1	1.0	0.8	0.7	0.6
Interpol. Korr.	0.6	0.4	0.3	0.2	0.1	0.0	-0.1	0.0	0.1	0.3	0.5	0.7	0.9	1.1	1.1	1.1	1.1	1.1	1.0	1.0	1.0	0.9	0.8	0.7
Fehler der interp. K.	-0.2	-0.2	-0.2	-0.2	-0.1	0.0	0.0	-0.2	-0.3	-0.3	-0.1	-0.1	0.0	0.0	0.2	0.2	0.2	0.3	0.2	0.1	0.0	-0.1	-0.1	-0.1

Die Fehler der linearen Interpolation sind also gegen Mittag und am Spätnachmittag am größten. Bei einer in beiden Tiefen nahezu gleichen Schwankung der Amplitudenkorrektion erreicht der Fehler in 10 cm fast 1^0, dagegen in 20 cm nur $0^0.3$. An ganz heitern Tagen kann nach dieser Prüfung die tägliche Aplitude der Thermographenaufzeichnungen trotz der Reduktion auf die Terminbeobachtungen in 10 cm Tiefe um $1^1/_2^0$, in 20 cm um $0.^06$ zu klein ausfallen. Obgleich dieser Wert nahezu die obere Fehlergrenze sein und nur an wenigen Tagen erreicht wird, ist er doch für 10 cm zu groß, um eine vollständige Auswertung des 10 cm-Thermographen lohnend erscheinen zu lassen; sie ist daher nur für ein Jahr (März 1914 bis Febr. 1915) durchgeführt, um gelegentlich als Ergänzung zu der 20 cm-Registrierung zu dienen. In 20 cm Tiefe geht der Fehler nicht viel über denjenigen der Kurvenablesung (etwa $\pm 0^0.15$) hinaus; die abgeleitete Kurve wird zu flach. Die Darstellung des täglichen Temperaturganges durch harmonische Analyse zeigte, daß die Phase der Temperaturkurve durch diesen Fehler nur um etwa 5 Minuten geändert wird.

Wesentlich kleiner ist der Einfluß der verhältnismäßig geringen Empfindlichkeit des Registrierapparates. Um diesen Einfluß wenigstens angenähert zahlenmäßig festzustellen, wurde zunächst die Empfindlichkeit in ruhender Luft für das Quecksilber-Bodenthermometer und für den Thermographen bestimmt. Für das Thermometer bietet dies keine Schwierigkeit. Die Empfindlichkeit E_1 im Sinne von J. Hartmann[1]) — der reziproke Wert von E_1 entspricht dem Trägheitskoeffizienten α nach Hergesell[2]) — beträgt bei Erwärmung 0.19, bei Abkühlung 0.21, im Mittel also 0.20. Bei dem Thermographen begnügte ich mich mit einer relativen Empfindlichkeitsbestimmung, welche auf mein Ersuchen Herr Dr. Budig ausgeführt hat. Das ausgegrabene Gefäß des Thermographen (165 mm Länge und 10 mm äußerer Durchmesser) und das zu den Beobachtungen benutzte Kontrollthermometer (Länge des Gefäßes 25 mm, äußerer Durchmesser 9 mm) wurden gleichzeitig erwärmt, und es wurde dann die Zeit gemessen, welche beide Körper brauchten, um bei freiwilliger Abkühlung in Luft das Temperaturintervall von 15^0 bis 10^0 zu durchlaufen. Die Versuche fanden im Freien bei ruhigem, nebligem Wetter und sehr gleichmäßiger Temperatur von 2^0 statt. Die Abkühlungszeiten betrugen im Mittel aus 10 Beobachtungsreihen für den Thermographen 2 Min. 21 Sek., für das Thermometer 1 Min. 19 Sek., verhielten sich also wie 2.35 : 1.32 oder wie 1.8 : 1. Die Empfindlichkeit E_2

---
[1]) Meteor. Zeitschr. **14**, S. 45, 1897; Zeitschr. für Instrumentenk. **17**, S. 14, 1897.
[2]) Meteor. Zeitschr. **14**, S. 121, 433, 1897.

des Thermographen ist hiernach etwa halb so groß wie die des Quecksilberthermometers. Streng berechnet sich E_2 zu 0.11 aus der Gleichung:

$$(1-E_1)^{1.32} = (1-E_2)^{2.35}$$

Von Interesse sind ferner noch die Kenntnis der Wartezeit (w nach Hartmann), d. h. der Zeit, welche nach dem Termin verstreichen muß, um genau diejenige Temperatur zu beobachten, welche im Augenblick des Termins geherrscht hat, sowie die Kenntnis der Temperaturkorrektion Δt, welche an die Terminablesung anzubringen ist, wenn sich die Temperatur innerhalb der verflossenen Stunde um 1^0 ($0^0.017$ pro Minute) geändert hat. Nach den Formeln:

$$w = \frac{\text{Mod}}{\lg(1-E)} \quad \text{und} \quad \Delta t = \frac{0.017\,\text{Mod}}{\lg(1-E)}$$

erhält man:

für das Quecksilberthermometer: $E_1 = 0.20$, $w_1 = 4.7$ Min., $\Delta t_1 = 0^0.08$
für den Bodenthermographen: $E_2 = 0.11$, $w_2 = 8.6$ Min., $\Delta t_2 = 0^0.15$

Diese Zahlen gelten für die Empfindlichkeit in ruhender Luft; in anderen nicht homogenen Medien, wie Sand, gelten Werte von E, welche wahrscheinlich in ziemlich verwickelter Weise von Leitfähigkeit und Dichte abhängen. Aus vorläufigen Versuchen erhielt ich für E_1 in stark lufthaltigem, trockenem Sand den Wert 0.7, also mehr als den dreifachen Betrag von dem in Luft. Genaue Experimente ließen sich zur Zeit aus Mangel an Hilfsmitteln nicht anstellen, und ich will daher nur mit einer Verdoppelung der Empfindlichkeit in Sand rechnen. Dann erhalte ich

für das Quecksilberthermometer: $E_1 = 0.40$, $w_1 = 2.0$ Min., $\Delta t_1 = 0^0.03$
für den Thermographen: $E_2 = 0.22$, $w_2 = 4.2$ Min., $\Delta t_2 = 0^0.07$.

Sogar bei dem Thermographen werden also die Registrierungen durch Trägheit um weniger als $0^0.1$ in der Ordinate und um weniger als 5 Minuten in der Abszisse verschoben; das sind Fehlergrößen, die wohl immer vernachlässigt werden können.

Eine weitere Fehlerquelle kann die von der Bodentemperatur t abweichende Temperatur τ des aus dem Boden herausragenden Fadens des Quecksilberthermometers bilden. Die hierdurch bedingte Korrektion beträgt:

$$\Delta t = \frac{(n+t)(t-\tau)}{6000} = \sim \frac{n(t-\tau)}{6000},$$

wo n die in Graden ausgedrückte Länge des herausragenden Fadens bedeutet. Für das in 20 cm Tiefe benutzte Thermometer ist $n = 30^0$.

Ein Fehler von $0^0.1$ (mindestens $0^0.06$) wird hiernach erreicht, wenn

t = 0^0 10^0 20^0 30^0
und $(\tau - t) = 12^0$ 9^0 $7^0.2$ 6^0

In Potsdam wird die Temperatur des „herausragenden Fadens" — soweit dieser oberhalb der Erdoberfläche liegt — regelmäßig zu den Terminen an einem sogen. „Fadenthermometer" abgelesen, und hiernach wird an heißen Sommertagen manchmal der dreifache Betrag der obigen Grenzwerte erreicht, bei $t = 30^0$ kann $(\tau - t)$ bis zu 20^0 ansteigen. Die am Bodenthermometer in 20 cm Tiefe abgelesene Temperatur kann dann bis zu $0^0.2$ zu hoch sein, falls das Fadenthermometer wirklich die genaue Mitteltemperatur des herausragenden Fadens angibt.

Offenbar hat es aber eine zu hohe Temperatur, weil es nur die durch Strahlung stark erhöhte Temperatur der Quecksilbersäule oberhalb des Erdbodens mißt. Die an die Bodenthermometer wirklich anzubringende Korrektion wird somit immer kleiner als $0^0.2$ sein und kaum jemals mehr als $0^0.1$ betragen. In Hinblick auf ihre Ungenauigkeit ist diese Korrektion überhaupt unberücksichtigt geblieben. Das ist aber kein Nachteil, sondern es werden dadurch die abgeleiteten Stundenwerte des Thermographen nachmittags sogar etwas verbessert werden, weil gerade an warmen Nachmittagen die auf S. 7 besprochenen Fehler einer linearen Interpolation der Terminkorrektion im entgegengesetzten Sinne wirken. Für den Thermographen kommt die Korrektion des herausragenden Fadens nur insoweit in Frage, als die Temperatur des Quecksilberthermometers für ihn als Bezugstemperatur genommen ist; seine eigene Fadenkorrektion ist ja durch ein besonderes Kompensationsrohr wenigstens angenähert ausgeglichen.

Das Ergebnis der instrumentellen Prüfung des Richard'schen Bodenthermographen läßt sich so zusammenfassen: Unter der Voraussetzung, daß man sich auf die Untersuchung einer Tiefenstufe beschränkt, daß man ferner dreimal täglich Kontrollen durch ein Quecksilberthermometer ausführt, die Empfindlichkeitskonstante des Apparats und die Korrektion des „herausragenden Fadens" berücksichtigt oder wenigstens ihre Grenzwerte feststellt, und daß man schließlich die tägliche Schwankung der Amplitudenkorrektion unterhalb von $0^0.5$ hält, läßt sich eine Genauigkeit der mittleren Monatswerte von $\pm\ 0^0.1$, der Einzelwerte von $\pm\ 0^0.2$ und eine Zeitgenauigkeit von 5 Minuten sicher erreichen. Allerdings ist eine Auswertung der Thermogramme bei Berücksichtigung aller Korrektionen ziemlich mühsam, jedoch genügt es für die meisten Zwecke, daß man sich bei einigen Korrektionen, z. B. bei der der Empfindlichkeit, nur über deren Größenordnung Rechenschaft ablegt, ohne sie im Einzelnen anzuwenden.

Schließlich sei noch auf eine Fehlerquelle hingewiesen, welche durch die Aufstellung der Instrumente entsteht. Das Potsdamer Thermometerfeld liegt in der Mitte der Beobachtungswiese; in NE—SE, sowie in SW—NW reichen Kiefern bis auf 25 m an das Feld heran und verhindern, daß das Feld gleich nach Sonnenaufgang und bis Sonnenuntergang beschienen wird. Die Besonnung beginnt erst bei etwa $12^1/_2^0$ Sonnenhöhe; es können somit vor- und nachmittags bis zu je zwei Stunden für das Thermometerfeld verloren gehen.

2. Täglicher Gang der Potsdamer Bodentemperatur im Monats- und Jahresmittel, Größe und Eintrittszeit der Extreme, Vergleichung mit anderen Stationen.

Im vorigen Abschnitt ist erörtert, warum die Auswertung des Potsdamer Bodenthermographen vorwiegend auf die Tiefenstufe von 20 cm beschränkt wurde. Für diese Stufe sind die Jahrgänge 1910 bis 1916 bearbeitet worden; im Anhange sind die stündlichen Monatsmittel dieser Jahre, sowie das Mittel von 1910 bis 1916 mitgeteilt worden, und zwar die Originalwerte wie sie sich bei der Reduktion auf die Terminbeobachtungen am Quecksilberthermometer ergeben. In Tab. II ist der tägliche Gang noch einmal in Abweichungen vom Tagesmittel, ausgeglichen für progressive Änderungen im Laufe des Tages und geglättet nach der Formel $(a + 2b + c) : 4$ mitgeteilt, um ihn mittels harmonischer Analyse zerlegen zu können. Schließlich ist, wenigstens für ein Jahr (März 1914 bis Februar 1915), auch der tägliche Gang in 10 cm Tiefe aufgeführt, um wenigstens einen ungefähren Vergleich mit 20 cm zu ermöglichen.

Die Eigentümlichkeiten des täglichen Ganges treten wohl am schärfsten hervor in der dann folgenden Tabelle, welche die Höhe der mittleren Temperaturextreme, die mittlere aperiodische Amplitude sowie die Eintrittszeiten der Extreme und der täglichen Mittelwerte (der sogen. Medien) enthält. Höhe und Zeit der Extreme sind unter der Annahme, daß es Parabelscheitel sind, streng berechnet.

Bei 20 cm Tiefe macht sich die Wirkung der Sonnenstrahlung auf die Erwärmung der obersten Bodenschichten namentlich in dem raschen Anwachsen der Temperaturamplitude während des Frühjahrs bemerkbar. Von Februar bis Mai vergrößert sie sich auf das $5^{1}/_{2}$fache und erreicht das Maximum; sie sinkt dann langsam wieder und erreicht im November denselben Betrag wie im Februar. Der langsame Abfall der Amplitude im Laufe des Sommers zeigt sich noch deutlicher bei den größten Amplituden der einzelnen Monate. Im Mittel 1910 bis 1916 betrugen die Maximal-Amplituden im:

Mai	Juni	Juli	Aug.	Sept.
$7^{0}.8$	$7^{0}.7$	$7^{0}.4$	$6^{0}.8$	$5^{0}.6$

Die absolute größte Tagesschwankung ($8^{0}.7$) hatte der 15. Juni 1913. Die Temperaturmaxima treten fast immer im Juli ein. Das absolute Maximum hatten der 29. und 30. Juli 1911 mit $29^{0}.8$ (Tagesmittel $26^{0}.8$ und $27^{0}.3$, Tagesschwankung $6^{0}.1$ und $5^{0}.4$); an zweiter Stelle erscheint der 21. Juli 1914 mit $29^{0}.0$ (Tagesmittel $25^{0}.4$, Amplitude $7^{0}.4$). Das absolute Temperaturminimum war $-14^{0}.6$ am 5. Febr. 1912 (Tagesmittel $-12^{0}.4$). Eine solch niedrige Temperatur ist in der bisherigen 25-jährigen Beobachtungszeit (1895 bis 1919) nicht wieder erreicht worden, während das absolute Maximum in der Zeit 1895 bis 1919 $\sim 31^{0}$ war (26. Juli 1900), wo um 2^{p} $29^{0}.7$ abgelesen wurden. Die absoluten Extreme der Lufttemperaturen waren (1893 bis 1918) $-25^{0}.7$ (19. I. 1893) und $35^{0}.9$ (16. VII. 1909). Die mittleren absoluten Extreme in 20 cm Tiefe waren:

	Jan.	Febr.	März	April	Mai	Juni	Juli	Aug.	Sept.	Okt.	Nov.	Dez.
Minim.	−4.3	−4.0	−0.3	2.3	7.8	12.5	14.5	13.9	8.4	3.2	−0.1	−0^0.6
Maxim.	4.0	5.4	10.4	18.0	23.1	25.7	27.0	25.4	21.0	13.4	8.7	5.9
Unperiod. Amplit.	8.3	9.4	10.7	15.7	15.3	13.2	12.5	11.5	12.6	10.2	8.8	6.5

Die mittlere Temperatur der kältesten und wärmsten Tagesstunde und die daraus sich ergebende periodische Amplitude sind in Tabelle III des Anhangs enthalten.

Besonders charakteristisch und für die Wärmeleitung wichtig sind die Eintrittszeiten der Extreme. Läßt man die Wintermonate Dez. bis Febr. wegen der bei der Kleinheit ihrer Tagesschwankung unsicheren Zeitbestimmung außer Betracht, so schwanken die Eintrittszeiten des Minimums sowohl in 20 wie in 10 cm Tiefe mehr als die des Maximums. Für das Minimum schwankt die Eintrittszeit bei 20 cm um 1.3, bei 10 cm um 1.8 Stunden, dagegen für das Maximum um 0.9 und 1.6 (mit Ausschluß des November sogar nur um 0.7) Stunden. Aber während das Maximum scheinbar unregelmäßige oder zufällige Eintrittszeiten aufweist, ist bei dem Minimum ersichtlich, daß es um so früher auftritt, je höher der Sonnenstand ist. Dementsprechend dauert der Anstieg vom Minimum zum Maximum im Hochsommer rund zwei Stunden länger als im Winter (für 20 cm $10^{1}/_{2}$ gegen $8^{1}/_{2}$ Stunden), er ist aber immer kürzer als der

Abfall. Dagegen sind die Durchgangszeiten der Tageskurve durch den Mittelwert, die sogen. Zeiten der Medien, während des ganzen Jahres nahezu die gleichen; sie fallen in 20 cm gleich nach Mittag und nach Mitternacht, und ihr Abstand beträgt genau 12 Stunden. In 20 cm Tiefe verfrüht sich das erste Medium in der wärmeren Jahreszeit, während sich das zweite Medium gleichzeitig verspätet, so daß der Abstand vom ersten bis zum zweiten Medium im Winter rund 11 1/2, im Sommer 12 Stunden beträgt.

Die Zeit, welche verfließt, bis die Temperaturextreme von der Oberfläche bis in 10, bezw. 20 cm Tiefe gelangt sind, läßt sich für Potsdam aus Mangel an geeigneten Beobachtungen leider nicht genau feststellen. Jedoch zeigen andere Untersuchungen über die Verschiebung des täglichen Temperaturganges in der Luft und an der Bodenoberfläche, namentlich die Arbeit von E. Kretzer[1]), daß mit Ausnahme von maritim gelegenen Stationen das Temperaturmaximum der Luft in 2 m Höhe fast genau eine Stunde nach dem Erdbodenmaximum fällt, während sich das Minimum nur um 1/4 bis 1/2 Stunde verspätet. Benutzt man diese Zahlen für Potsdam, so erhält man folgendes Bild für die Verlagerung der Extreme:

		Luft	Eintrittszeiten Boden			Zeitdifferenzen (Stunden)		
			0	10	20 cm	0-10 cm	10-20 cm	0-20 cm
Jahr	Minim.	4ª.5	4ª.1	6ª.8	7ª.4	2.7	0.6	3.3
	Maxim.	2p.4	1p.4	3p.2	5p.1	1.8	1.9	3.7
Juli	Minim.	4ª.0	3ª.5	5ª.9	7ª.0	2.4	1.1	3.5
	Maxim.	2p.2	1p.2	2p.9	5p.0	1.7	2.1	3.8

Die Extreme beziehen sich natürlich auf die gleichen Zeiträume (1914/15). In den Zahlen fällt sofort auf, daß sich das Minimum von 0 bis 10 cm ungewöhnlich langsam, von 10 bis 20 cm sehr rasch verschiebt, während das Maximum nur geringe Änderungen zwischen beiden Tiefenstufen — und diese sogar im entgegengesetzten Sinne — zeigt. Der Grund für das merkwürdige Verhalten des Minimums liegt nicht etwa an einer fehlerhaften Bestimmung der Eintrittszeiten an der Bodenoberfläche, denn auch zwischen 10 und 20 cm verhalten sich die beiden Extreme ganz verschieden: das Minimum verschiebt sich zwei- bis dreimal so schnell wie das Maximum; die scheinbaren Abweichungen in einigen Wintermonaten hängen mit der dann ganz unsicheren Zeitbestimmung zusammen. Der Zeitunterschied beträgt für diese Tiefenstufe:

im:	Jan.	Febr.	März	April	Mai	Juni	Juli	Aug.	Sept.	Okt.	Nov.	Dez.	Jahr
für das Min.	(3.1)	0.6	0.6	0.7	0.9	0.9	1.1	0.9	0.9	1.2	0.7	0.9	0.6
für das Max.	(0.6)	(0.7)	1.9	1.9	1.8	1.9	2.1	2.0	1.9	1.6	2.5	2.1	1.9

Von anderen Stationen zeigt nur Pawlowsk ein ähnliches Verhalten im Sommer, aber in stark abgeschwächtem Maße, indem sich das Minimum 20 Minuten schneller verschiebt als das Maximum. Eine wichtige Rolle für die Ursache dieser Erscheinung spielt vielleicht die

---

[1]) E. Kretzer: Beziehungen zwischen dem täglichen Gang der Temperatur an der Bodenoberfläche und in den untersten Luftschichten. Dissertation — Berlin 1912.

Luftzirkulation in den obersten Erdschichten, welche bewirkt, daß eine Abkühlung schneller in den Boden eindringt als eine Erwärmung. Da aber in Potsdam vielleicht auch die Mangelhaftigkeit der Registrierung in 10 cm Tiefe hierbei mitspricht, erscheint eine weitere Erörterung verfrüht.

Reelle Bedeutung hat jedenfalls die Feststellung, daß zu Potsdam in 20 cm Tiefe die Extreme wesentlich früher eintreten als an allen anderen Stationen, von denen Beobachtungen vorliegen. Im Jahresmittel verspäten sich die Extreme gegen Potsdam um folgende Beträge in Stunden:

	Pawlowsk	Nukuss	Belgrad	Tiflis
Minimum:	0.7	2.6	2.2	2.4
Maximum:	1.1	3.2	1.7	2.3

Die Zeiten, welche die Extreme brauchen, um von der Oberfläche bis zu 20 cm Tiefe zu gelangen, sind (in Stunden) für:

	Potsdam	Pawlowsk	Nukuss	Belgrad	Tiflis
Minimum:	3.3	4.7	5.1	5.0	5.0
Maximum:	3.7	5.0	7.0	6.1	6.3

Die Unterschiede von Potsdam gegen Belgrad und Tiflis erklären sich ohne weiteres aus der ganz verschiedenen Bodenart; der humose Boden in Belgrad und der schwarze Flußsand in Tiflis haben jedenfalls eine ganz andere Temperaturleitfähigkeit als der Potsdamer Sand. In Nukuss besteht der Boden aus sandigem Ton, dessen Temperaturleitung $2^1/_2$ mal schlechter als für Potsdam ist; außerdem spielt wohl die weniger lockere Beschaffenheit des Sandes in Nukuss und wahrscheinlich auch eine zu große Trägheit der Thermometer infolge ihres Schutzes durch Holzrohre eine Rolle. Wild[1]) sagt selbst darüber, als er die verschieden große Verzögerung der Extreme in den obersten Erdschichten erörtert: „Zur Erklärung dieser Anomalien ... bleibt nur die Annahme übrig, daß das Thermometer in 0.5 dm Tiefe zu träge gewesen, resp. zu stark von einem schlechten Leiter umhüllt gewesen sei, um den in dieser Tiefe erfolgenden, immerhin noch bedeutenden und rascher eintretenden Temperaturvariationen schnell genug folgen zu können. In der Tat stand die Kugel dieses Thermometers wie die der zwei folgenden in 1 und 2 dm Tiefe nicht unmittelbar mit dem Boden in Berührung, sondern war von ihm durch die circa 1 cm dicke Holzwand des die Latte einschließenden Kanals getrennt; ebenso war sie nach oben hin nicht von Erde, sondern vom Holz der Latte bedeckt. Da nun nach Péclet Holz senkrecht auf den Fasern circa dreimal schlechter leitet als Quarzsand, so wird also der Effekt der Holzhülle in unserem Falle nahezu derselbe sein, als ob man das Thermometer 2 cm tiefer in den Boden eingesenkt hätte."

Von allen Stationen kommen die Bodenverhältnisse in Pawlowsk ($\varphi = 59°54'$N, $\lambda = 30°18'$E) denen in Potsdam am nächsten. Dort ist ein Hügel von 12 m Durchmesser aufgeschüttet, 88.3 m² der horizontalen Oberfläche bestehen aus reinem, gelbem, feinkörnigem Quarzsand; der horizontale Rand und die Seitenwände sind mit Gras bekleidet. Der Untergrund besteht

---

[1]) H. Wild: a. a. O. S. 13.

aus Lehm; abgelesen wird an horizontalen Thermometern in Glasfassungen. Das Thermometerfeld bleibt bis zu $12\frac{1}{2}^0$ Sonnenhöhe beschattet; vom 12. Nov. bis 29. Jan. wird es überhaupt nicht beschienen. Die Verzögerung der Extreme gegen Potsdam um rund eine Stunde in 20 cm Tiefe wird zum größten Teil durch die schlechtere Temperaturleitfähigkeit zu erklären sein, welche sich — aus allerdings recht unvollkommenen Daten — zu rund 0.40 cm^2 Min^{-1} bestimmt. Da Wild ungefähr die gleiche Konstante (0.452 zwischen $1\frac{1}{2}$ und 3 m) angibt, so wird der Wert für Pawlowsk angenähert richtig sein. Es ergibt sich aus dem Vorstehenden: Die Temperatur pflanzt sich in den obersten Erdschichten in Potsdam bei weitem am schnellsten von allen Stationen fort; es ist sehr erwünscht, die Temperaturverhältnisse auch in anderen Sandböden zu studieren und außerdem festzustellen, ob durch Thermometer in Schutzröhren eine wesentliche Fälschung der Höhe und Eintrittszeiten der Extreme bedingt wird.

Recht gute Übereinstimmung zeigt an allen Stationen in 20 cm Tiefe der Zeitunterschied zwischen den Extremen und derjenige zwischen den Medien.

	Potsdam 1910-1916	Pawlowsk 1888	Nukuss 1874/75	Belgrad 1902-1906	Tiflis 1881-1890	
	1) Zeit vom Minim. bis zum Maxim.					
Januar	9.4	6.8	8.3	8.7	8.3	Stunden
Juli	10.3	11.1	10.7	10.3	10.0	»
Jahr	9.7	10.1	10.3	9.2	9.4	»
	2) Zeit vom ersten bis zum zweiten Medium.					
Januar	11.0	10.6	(13.0)	11.3	12.1	Stunden
Juli	12.1	12.1	11.9	12.3	12.3	»
Jahr	11.9	11.6	11.8	12.0	12.0	»

Überall ein Unterschied von rund 10 Stunden zwischen den Extremen, von fast 12 Stunden zwischen den Medien, überall im Winter ein kleinerer Unterschied als im Sommer.

3. Ableitung des Tagesmittels aus Terminbeobachtungen.
Prüfung der Formel an anderen Stationen.

An verhältnismäßig vielen Stationen werden Temperaturen der oberen Bodenschichten dreimal täglich abgelesen; es ist daher wichtig, aus Registrierungen oder stündlichen Beobachtungen zu ermitteln, nach welchen Formeln und mit welcher Genauigkeit sich aus dreimaligen Ablesungen ein brauchbares Tagesmittel ableiten läßt. Versuche dieser Art sind schon mehrfach, z. B. von H. Wild und von Ad. Schmidt[1]) gemacht worden; die hier schließlich für 20 cm empfohlene Formel ist übrigens — wie nachträglich bemerkt wurde — auch schon von Ad. Schmidt für die Königsberger Beobachtungen benutzt worden.

Nachfolgend sollen nur die Stundenkombinationen 7^a, 2^p, 9^p betrachtet werden, da sie jetzt in Deutschland allgemein eingeführt sind, und es sei nur beiläufig bemerkt, daß von den sonst üblichen Formeln, ebenso wie bei der Lufttemperatur, das Mittel $(6^a + 2^p + 10^p) : 3$ sowohl

---

[1]) Adolf Schmidt: Theoretische Verwertung der Königsberger Bodentemperatur-Beobachtungen. • Schriften der physik.-ökonom. Gesellsch. zu Königsberg i. Pr. **32**, 97—168, 1891.

Da aus Pawlowsk und Nukuss nur Beobachtungen von den ungeraden Stunden vorliegen, wurde das Monatsmittel für 2p als Mittel von 1p und 3p gebildet.

Schwieriger als für 20 cm ist es, für 10 cm Tiefe aus den Terminbeobachtungen ein brauchbares Tagesmittel herzuleiten. Da in Potsdam in 10 cm Tiefe das Minimum meist zwischen 6 und 8ª, das Maximum zwischen 2 und 4p liegt, so gibt schon das Mittel aus den 7ª- und 2p-Beobachtungen ein leidlich gutes Tagesmittel; es ist jedoch durchweg etwas zu hoch, im September sogar um $0^0.3$. Für Pawlowsk erhält man etwas bessere, dagegen für Nukuss ganz schlechte Werte, nämlich im Sommer Fehler bis zu $1^0.2$. Recht gute Tagesmittel liefert das für Rußland brauchbare Mittel $(7^a + 1^p + 9^p) : 3$, das jedoch für Deutschland nicht in Betracht kommt. Der Wert $(3 \times 7^a + 2 \times 2^p + 3 \times 9^p) : 8$, welcher sich für 20 cm so gut bewährt, liefert für 10 cm keine wesentlich besseren Mittel als $(7^a + 2^p) : 2$. Von schnell zu berechnenden Terminmitteln hat sich als bestes die Formel $(4 \times 7^a + 3 \times 2^p + 3 \times 9^p) : 10$ erwiesen, welche für Potsdam monatliche Fehler bis zu $0^0.2$ ergibt. Allerdings hat sich das hier benutzte Jahr 1914/15 durch einen extrem heißen und trockenen Spätsommer ausgezeichnet, in welchem etwaige Fehler der Formel verstärkt in die Erscheinung treten. Es sind daher für Potsdam die Korrektionen dieses Mittels mit den Nachbarmonaten ausgeglichen, und es sind auch diese ausgeglichenen Werte in der nachfolgenden Tabelle mitgeteilt. Für Pawlowsk gibt diese Formel ebenso gute Werte wie für Potsdam, für Nukuss sind die so abgeleiteten Terminmittel in der warmen Jahreszeit um 0.3 bis $0^0.4$ zu hoch. Tiflis und Belgrad scheiden bei der Vergleichung aus, da sich in 10 cm Tiefe keine Thermometer befinden.

10 cm Tiefe.	Jan.	Febr.	März	April	Mai	Juni	Juli	Aug.	Sept.	Okt.	Nov.	Dez.	Jahr
					1). Potsdam.								
wahres Mittel	0.30	-0.06	4.68	11.24	14.32	18.96	21.95	21.22	15.06	8.88	3.58	2.57	10.17
Korr. für ½ $(7^a + 2^p)$	-0.14	-0.13	-0.18	-0.01	-0.04	-0.16	0.00	-0.04	-0.32	-0.20	-0.10	-0.11	-0.14
Korr. für ¹/₁₀ $(4 \times 7^a + 3 \times 2^p + 3 \times 9^p)$	-0.04	+0.03	+0.01	+0.14	+0.12	+0.06	+0.19	+0.17	+0.04	0.00	0.00	-0.03	+0.04
Korr. für ¹/₁₀ (...) ausgeglichen	-0.04	+0.01	+0.05	+0.10	+0.11	+0.11	+0.15	+0.14	+0.06	+0.01	-0.01	-0.02	+0.04
					2). Pawlowsk.								
wahres Mittel	-11.74	-12.32	-10.07	3.22	8.42	14.27	17.18	16.03	10.47	3.20	-1.14	-7.60	2.49
Korr. für ½ $(7^a + 2^p)$	-0.04	-0.14	+0.17	-0.14	+0.09	+0.12	+0.08	-0.01	-0.08	-0.15	-0.04	0.00	-0.01
Korr. für ¹/₁₀ $(4 \times 7^a + 3 \times 2^p + 3 \times 9^p)$	-0.03	-0.03	+0.07	+0.01	+0.11	+0.04	+0.07	+0.15	+0.15	-0.02	-0.11	0.00	+0.04
					3). Nukuss.								
wahres Mittel	-1.29	-3.15	4.60	14.90	22.49	26.05	30.04	27.28	22.06	13.61	6.19	2.38	13.76
Korr. für ½ $(7^a + 2^p)$	+0.26	+0.62	+0.55	+0.97	+0.96	+1.23	+1.07	+1.13	+0.91	+0.76	+0.57	+0.23	+0.78
Korr. für ¹/₁₀ $(4 \times 7^a + 3 \times 2^p + 3 \times 9^p)$	+0.09	+0.14	+0.14	+0.24	+0.35	+0.35	+0.33	+0.44	+0.45	+0.40	+0.19	+0.06	+0.26

4. Darstellung des täglichen Ganges durch harmonische Analyse. Einfluß der Witterung auf den täglichen Gang. Der tägliche Temperaturgang verläuft in geringen Bodentiefen so gleichförmig, daß es gerechtfertigt erscheint, ihn durch eine trigonometrische Reihe darzustellen und auf diese Weise Einflüsse der Witterung und die hiermit zusammenhängenden Änderungen der Bodenbeschaffenheit besser zum Ausdruck zu bringen. Für 20 cm für 20 cm wie für 10 cm Tiefe die beste Übereinstimmung mit dem 24-stündigen Mittel aufweist. Für 20 cm Tiefe ist das Mittel ($7^a + 2^p + 9^p$) : 3 nicht viel schlechter; es gibt jedoch durchweg zu hohe Werte, und zwar in der warmen Jahreszeit um rund $0^0.1$. Man kann aber durch Abschwächung des Gewichts der 2^p-Beobachtung das Mittel wesentlich verbessern. Am einfachsten und in schnell durchführbarer Rechnung geschieht dies durch die Formel ($3 \times 7^a + 2 \times 2^p + 3 \times 9^p$) : 8. Für Potsdam erhält man hierdurch Monatsmittel, die innerhalb der hier benutzten 7 Jahre in keinem Monat um mehr als $0^0.09$ vom 24-stündigen Mittel abweichen, so daß sich nach dieser Formel die Monatsmittel mit vollkommen hinreichender Genauigkeit aus den Terminbeobachtungen ableiten lassen. Die Terminmittel jedes einzelnen Monats sind in der letzten Spalte der Tabelle I im Anhang mitgeteilt. Eine systematische Abweichung vom wahren Tagesmittel ist schwach angedeutet insofern, als das Terminmittel in sehr trockenen und warmen Monaten um rund $0^0.05$ zu niedrig ausfällt. Noch wichtiger ist es jedoch, daß sich diese Formel auch bei den russischen Stationen gut bewährt, so daß man sie wohl unbedenklich für alle Sandböden in gemäßigten Klimaten benutzen kann. Für den humosen Boden von Belgrad erhält man auf diese Weise um 0.1 bis $0^0.2$ zu hohe Tagesmittel.

Zur Begründung der Brauchbarkeit der Formel sind nachfolgend für die verschiedenen Stationen die 24-stündigen Monats- und Jahresmittel mitgeteilt und darunter die Korrektionen, welche an die Terminmittel ($7^a + 2^p + 9^p$) : 3 und ($3 \times 7^a + 2 \times 2^p + 3 \times 9^p$) : 8 anzubringen sind — also Differenz: wahres Mittel minus Terminmittel —, um die 24-stündigen Mittel zu erhalten.

20 cm Tiefe:	Jan.	Febr.	März	April	Mai	Juni	Juli	August	Sept.	Okt.	Nov.	Dez.	Jahr
			1). Potsdam (feiner, ziemlich reiner Quarzsand).										
wahres Mittel	0.02	0.45	4.01	9.29	15.40	19.29	20.51	19.34	14.39	8.45	3.71	1.97	9.73
Korr. für $^1/_3$ ($7^a + 2^p + 9^p$)	-0.01	-0.02	-0.08	-0.11	-0.12	-0.11	-0.11	-0.09	-0.07	-0.06	-0.04	-0.02	-0.06
Korr. für $^1/_8$ ($3 \times 7^a + 2 \times 2^p + 3 \times 9^p$)	0.00	-0.01	-0.01	+0.01	+0.02	+0.02	+0.02	+0.03	+0.05	0.00	-0.01	0.00	+0.01
			2). Pawlowsk (reiner, feinkörniger Quarzsand).										
wahres Mittel	-10.84	-11.60	-9.73	2.48	7.49	13.18	16.40	15.56	10.56	3.52	-0.67	-7.04	2.44
Korr. für $^1/_3$ ($7^a + 2^p + 9^p$)	0.00	-0.05	-0.05	-0.05	-0.06	-0.05	-0.06	-0.06	0.00	-0.01	0.00	+0.04	-0.03
Korr. für $^1/_8$ ($3 \times 7^a + 2 + 2^p + 3 \times 9^p$)	-0.01	-0.02	-0.04	-0.03	-0.01	-0.01	-0.00	+0.01	+0.04	+0.02	0.00	+0.04	-0.01
			3). Nukuss (gleichförmig trockener sandiger Lehm oder Ton).										
wahres Mittel	-0.23	-2.39	4.56	14.14	21.90	25.40	29.22	27.03	22.33	14.57	7.00	3.51	13.90
Korr. für $^1/_3$ ($7^a + 2^p + 9^p$)	0.00	+0.01	+0.03	-0.01	+0.07	0.00	+0.04	+0.05	+0.05	+0.05	+0.03	+0.01	+0.03
Korr. für $^1/_8$ ($3 \times 7^a + 2 \times 2^p + 3 \times 9^p$)	-0.03	+0.06	-0.04	-0.08	-0.02	-0.09	-0.03	-0.03	-0.03	-0.00	-0.01	-0.03	-0.04
			4). Tiflis (schwarzer Sand, gemischt mit Ablagerungsgeröll).										
wahres Mittel	1.16	4.84	9.00	15.58	20.05	23.72	29.20	29.40	24.51	18.94	8.94	4.12	15.79
Korr. für $^1/_3$ ($7^a + 2^p + 9^p$)	+0.03	+0.02	+0.02	0.00	-0.01	-0.02	-0.03	0.00	-0.01	0.00	+0.01	+.003	+0.01
Korr. für $^1/_8$ ($3 \times 7^a + 2 \times 2^p + 3 \times 9^p$)	-0.01	-0.04	-0.04	-0.06	-0.03	-0.05	-0.07	-0.05	-0.04	-0.02	-0.02	+0.01	-0.03
			5). Belgrad (humoser Boden).										
wahres Mittel	0.84	—	—	—	—	24.01	—	—	—	—	—	—	12.51
Korr. für $^1/_3$ ($7^a_? + 2^p + 9^p$)	-0.09	—	—	—	—	-0.18	—	—	—	—	—	—	-0.18
Korr. für $^1/_8$ ($3 \times 7^a + 2 \times 2^p + 3 \times 9^p$)	-0.10	—	—	—	—	-0.14	—	—	—	—	—	—	-0.16

Tiefe genügt bereits eine zweigliedrige Sinusreihe, denn schon die Amplitude des dritten Gliedes bleibt in den einzelnen Monatsmitteln durchweg unter 0°.05. Selbst bei 10 cm, dessen Gang aus nur einjährigen Messungen abgeleitet ist, geht die Amplitude des dritten Gliedes nur bis zu 0°.1. Nachfolgend sind zunächst für die Monats- und das Jahresmittel in 20 cm Tiefe die Konstanten der Formel

$$t = a_0 + a_1 \sin(\alpha_1 + x) + a_2 \sin(\alpha_2 + 2x) + a_3 \sin(\alpha_3 + 3x)$$

gegeben. t bedeutet die Temperatur, x die Zeit, ausgedrückt in Bogenmaß und mit 0° als Mitternacht beginnend. Die beiden letzten Spalten enthalten den Quotienten a_1/a_0 (da a_0 stets über 0° liegt, sind die Werte wenigstens in sich vergleichbar) und die wesentlich wichtigere Größe a_2/a_1.

20 cm Tiefe	a_0	a_1	a_2	a_3	α_1	α_2	α_3	a_1/a_0	a_2/a_1
Jan.	0.01	0.153	0.048	0.007	172.4	340.4	195.9	15.30	0.314
Febr.	0.42	0.397	0.115	0.011	167.8	339.0	127.9	0.904	0.290
März	4.01	1.060	0.198	0.029	173.6	324.1	114.8	0.264	0.187
April	9.30	1.900	0.289	0.042	173.9	338.1	114.1	0.204	0.152
Mai	15.40	2.252	0.228	0.034	176.0	358.7	124.2	0.146	0.101
Juni	19.29	2.094	0.219	0.034	174.5	3.4	120.4	0.108	0.105
Juli	20.51	2.106	0.228	0.035	174.4	357.0	137.3	0.103	0.108
Aug.	19.34	1.773	0.249	0.019	174.3	350.3	124.5	0.092	0.140
Sept.	14.38	1.540	0.291	0.038	176.9	353.7	178.3	0.107	0.189
Okt.	8.44	0.849	0.187	0.046	175.9	341.3	158.4	0.101	0.220
Nov.	3.72	0.379	0.094	0.020	177.1	345.8	165.3	0.102	0.248
Dez.	1.97	0.140	0.049	0.004	182.5	339.7	243.4	0.071	0.350
Jahr	9.73	1.218	0.182	0.025	174.9	348.7	138.2	0.125	0.149

Im ersten Gliede spricht sich hauptsächlich der Einfluß der Wärmeleitung im Erdboden aus. Der Nullpunkt beider Wellen liegt im Jahresmittel übereinstimmend 20 Minuten nach Mitternacht und Mittag entsprechend dem wahren Eintritt der Medien der Kurve um 0ª.3 und 0ᵖ.4 (vergl. Tabelle III des Anhangs). Die Amplitude a_1 ist natürlich stark abhängig von der Höhe der Mitteltemperatur a_0, aber doch nicht von ihr allein, denn a_1/a_0 ist bei gleicher Temperatur in der ersten Jahreshälfte viel größer als in der zweiten. Die Erscheinung ist keine zufällige, denn sie zeigt sich auch bei der Auswertung eines einzelnen Jahres (1914/15) und ist auch für 10 cm Tiefe erkennbar. Anscheinend hängt sie weniger mit der Beschaffenheit des Bodens als mit der Stärke der Einstrahlung zusammen. Abgesehen von den Wintermonaten, deren Wert wegen der Kleinheit von a_0 ganz unsicher ist — wenn auch vielleicht a_1/a_0 in den Monaten Januar und Februar durch Ausstrahlung vergrößert ist —, ist a_1 im Verhältnis zu a_0 am größten im Frühling. a_1 selbst geht mit der Strahlungsintensität ziemlich parallel, erreicht ein Maximum im Mai und ein Minimum im Dezember.

Die Amplitude des zweiten Gliedes a_2 durchläuft während des Jahres eine doppelte Periode mit Maxima im April und September, mit einem Hauptminimum im Januar und einem sekundären Minimum im Juni. Das Maximum im Frühherbst ist sehr auffällig; vielleicht hängt es mit dem in dieser Jahreszeit besonders lockerem Boden zusammen, welcher einen Temperaturausgleich durch Konvektion der Luft begünstigt. Das Verhältnis $a_2 : a_1$ zeigt dagegen einen einfachen jährlichen Gang und ist am kleinsten im Frühsommer. Je länger der

Tag, desto kleiner a_2/a_1. Im Sommer beträgt das zweite Glied nur etwa $1/10$ vom ersten Glied, im täglichen Gang tritt dann also die Gestalt der einfachen Sinuskurve am reinsten hervor; es äußert sich dies auch darin, daß sich im Juni die Zeit vom Tagesminimum bis zum Maximum bis auf 10.6 Stunden erhöht, während sie im Jahresmittel nur 9.7 und im Dezember 8.1 Stunden beträgt.

Der Phasenwinkel α_1 hat ungefähr denselben jährlichen Verlauf wie a_1, d. h. je größer die Amplitude des ersten Gliedes, desto früher treten die Extreme ein. Die Wintermonate müssen wieder wegen ihrer kleinen Amplitude und der damit zusammenhängenden unsicheren Berechnung von der Betrachtung ausscheiden. Bei den geringen Unterschieden der Phasenwinkel in den einzelnen Monaten muß es auch unentschieden bleiben, ob das doppelte Maximum (Mai und September) reell ist. Die Verfrühung der Extreme in den Sommermonaten zeigt sich auch bei α_2.

Die Darstellung des täglichen Ganges durch harmonische Analyse ist hier hauptsächlich deshalb gewählt, um die Einflüsse verschiedener Witterung auf die Bodentemperatur zum Ausdruck zu bringen. Um eine genügende Zahl von Fällen zusammenfassen zu können, gruppiert man am besten nach Jahreszeiten. Es ist daher eine Tabelle mit Konstanten der Sinusreihen aufgestellt, in welcher an erster Stelle das Gesamtmittel der Jahreszeit steht, darunter das Mittel von Perioden mit ausgesprochen regnerischer Witterung von mindestens 10 Tagen, darunter das Mittel von klaren Tagen (Bewölkung an keinem der 14 Beobachtungstermine am Tage größer als 2), darunter noch etwaige Angaben über Dürre- und Frostperioden von mindestens 7 tägiger Dauer. Im Anhang sind als Tabelle IV die wahren Temperaturgänge bei diesen verschiedenen Arten von Witterungszuständen gegeben.

	Zahl der Gruppen oder Tage	a_0	a_1	a_2	α_1	α_2	a_1/a_0	a_2/a_1
			1. Winter					
Gesamtmittel ...	—	0.81	0.221	0.068	169.9	340.2	0.272	0.307
Nasse Perioden ..	18	2.13	0.248	0.064	187.9	327.8	0.117	0.257
Klare Tage	13	−1.39	0.368	0.087	163.1	346.0	—	0.243
Frostperioden ...	15	−2.53	0.379	0.068	165.2	5.0	—	0.180
Dürre mit Frost .	2	−4.57	0.627	0.168	156.1	353.8	—	0.268
Klare Frosttage .	22	−4.38	0.703	0.150	154.6	358.9	—	0.213
			2. Frühling					
Gesamtmittel ...	—	9.57	1.733	0.229	174.7	341.4	0.181	0.132
Nasse Perioden ..	14	5.96	1.183	0.199	176.0	337.8	0.198	0.168
Klare Tage	42	11.15	2.513	0.353	174.2	339.5	0.225	0.139
			3. Sommer					
Gesamtmittel ...	—	19.71	1.990	0.232	174.3	356.6	0.101	0.117
Nasse Perioden ..	16	17.67	1.652	0.209	176.0	352.8	0.094	0.126
Klare Tage	30	22.07	2.700	0.353	172.1	2.7	0.124	0.131
Dürreperioden[1])..	19	17.03	1.963	0.273	171.5	353.7	0.115	0.139
			4. Herbst					
Gesamtmittel ...	—	8.83	0.927	0.195	176.7	347.5	0.105	0.210
Nasse Perioden ..	13	8.41	0.746	0.168	177.3	352.1	0.089	0.225
Klare Tage	27	12.41	1.968	0.409	172.7	337.7	0.159	0.208

[1]) Die Dürreperioden beziehen sich nicht allein auf den Sommer, sondern auf die warme Jahreshälfte vom April bis September.

Nach den von anderen Orten vorliegenden Ergebnissen ist zu erwarten, daß der Einfluß der Witterungszustände auf den Gang der Bodentemperatur ziemlich verwickelt ist, denn entgegengesetzte Einflüsse, z. B. Niederschlag und Dürre, können hiernach beide die Temperaturleitfähigkeit erhöhen: der Niederschlag deshalb, weil nasser und kalter Boden die Temperatur besser leitet als trockener und warmer, die Dürre aus dem Grunde, weil in lockerem Erdreich Wärmeübertragung durch Konvektion angenommen werden kann. Tatsächlich ergibt sich für Potsdam, daß sich die von einander abweichenden täglichen Gänge durch die von der Struktur des Bodens abhängige Temperaturleitfähigkeit erklären lassen.

Sehr charakteristisch sind die winterlichen Zustände. Die Amplitudenglieder sind bei nasser Witterung durchaus nicht klein; a_1 ist sogar größer, als es dem Gesamtmittel entspricht, was jedoch in diesem Falle mit der recht hohen Mitteltemperatur zusammenhängen kann. Auffallend hoch ist der Phasenwinkel α_1 der gegenüber dem Gesamtmittel eine Verfrühung der Extreme um 72 Minuten bedeutet. In demselben Sinne verhalten sich die nassen Perioden der andern Jahreszeiten: immer eine Verfrühung der ganztägigen Phase, jedoch nur um rund 5 Minuten gegen das Gesamtmittel, immer ziemlich große Werte von a_1/a_0 und besonders von a_2/a_1. Genau entgegengesetzt verlaufen die klaren Tage und die Dürreperioden. α_1 verspätet sich an klaren Tagen gegen das Gesamtmittel: im Winter um 27 Minuten, im Frühling um 2, im Sommer und Herbst um 8 Minuten; in Dürreperioden verdoppelt sich die Verspätung, sie erreicht bei Frost rund eine Stunde und in der wärmeren Jahreszeit etwa eine Viertelstunde. Dagegen verspätet sich im allgemeinen die Phase der halbtägigen Periode in nassen Perioden und verfrüht sich bei trockenem und heiterem Wetter; kleine Ausnahmen zeigen sich im Frühling und Herbst. Insgesamt überwiegt aber doch das ganztägige Glied, so daß im wahren Tagesverlauf (vergl. Tabelle IV des Anhangs) häufig eine Verfrühung der Extreme in den nassen und eine Verspätung in den trockenen Perioden erkennbar ist. Nach Tabelle IV ergeben sich folgende Eintrittszeiten der Extreme:

	Minimum				Maximum			
	Winter	Frühjahr	Sommer	Herbst	Winter	Frühjahr	Sommer	Herbst
Gesamtmittel	8.4 a	7.4 a	7.0 a	7.8 a	5.1 p	5.2 p	5.3 p	4.7 p
Nasse Perioden	8.0	7.4	7.0	7.6	4.5	5.1	5.3	4.7
Klare Tage	9.4	7.3	7.3	7.6	6.5	5.3	5.3	4.5
Frost	8.5	—	—	—	6.7	—	—	—
Dürre	8.5		7.6		6.3		6.3	
Klarer Frost	8.6	—	—	—	6.5	—	—	—

Da die Werte des Gesamtmittels durchschnittlich für ziemlich feuchten Boden gelten werden, und da auch an klaren Tagen der Boden häufig feucht sein wird, so ist es begreiflich, daß in den ersten drei Spalten der obigen Zusammenstellung keine großen Unterschiede vorkommen. Frostperioden verhalten sich ähnlich wie Dürreperioden; beide stimmen auch darin überein, daß das Temperaturmaximum um 0.1 bis 0°.3 mehr vom Tagesmittel abweicht als das Maximum. Diese letztere Erscheinung deutet auf eine nächtliche Verstärkung des Luftaustausches hin. Die Verspätung des Temperaturmaximums tritt an heißen Sommertagen manchmal gut hervor; z. B. verschob es sich im Monatsmittel des sehr trockenen Juni 1915 fast bis 6^p, und an einzelnen besonders heißen Tagen, z. B. am 10. und 25. Juni lag es sogar zwischen 8 und 9p. Bei dem Minimum ist eine so starke Verschiebung nicht vorhanden.

Für 10 cm Tiefe konnte eine ähnliche Untersuchung der Witterungseinflüsse aus Mangel an Material nicht durchgeführt werden; es sollen hier aber wenigstens die Konstanten der harmonischen Analyse für die Jahreszeiten mitgeteilt werden.

10 cm Tiefe	a_0	a_1	a_2	a_3	α_1	α_2	α_3	a_1/a_0	a_2/a_1
Winter	0.76	0.527	0.198	0.064	203.1	6.1	155.0	0.693	0.376
Frühjahr	9.99	2.669	0.654	0.052	204.5	25.3	201.6	0.267	0.245
Sommer	20.57	3.328	0.812	0.100	206.9	40.9	186.5	0.162	0.244
Herbst	9.16	1.366	0.475	0.105	209.3	29.9	202.9	0.149	0.348
Jahr	10.17	1.957	0.523	0.071	206.5	37.2	194.6	0.192	0.263

Für 10 cm Tiefe reicht also in der warmen Jahreszeit eine zweigliedrige Formel schon nicht mehr aus, da das dritte Glied dann schon $0^0.1$ Änderung hervorruft. Im übrigen ist der Tagesverlauf ähnlich wie in 20 cm Tiefe. a_1 erreicht sein Maximum im Herbst, und das Verhältnis a_1/a_0 ist im Herbst fast halb so klein wie im Frühling.

Den Einfluß der Witterung auf die Ausbreitung der Temperatur im Erdboden bis 1 m Tiefe habe ich schon vor einiger Zeit[1]) aus Terminbeobachtungen um 2p abgeleitet, und zur Ergänzung des vorher Gesagten möge Einiges davon hier wiederholt werden. Es wurden damals für den Zeitraum 1895—1911 solche Dekaden ausgesucht, in denen in 0.5 m Tiefe die Temperaturabweichung vom 16-jährigen Mittel 1895—1910 mindestens $+2^0$ betrug. Hieraus wurden wiederum Gruppen von wenigstens je drei aufeinander folgenden Tagen ausgesondert, welche gewissermaßen die Urheber dieser Anomalie waren und für diese Gruppen schließlich Mittelwerte der 2p-Beobachtungen gebildet. So entstand nachfolgende Zusammenstellung:

Abnahme der Bodentemperatur auf je 10 cm Tiefenunterschied.

terung	Nov.—Febr.				März—April				Mai—Juni				Juli—Aug.				Sept.—Okt.			
	0-10	10-20	$\frac{20-50}{3}$	$\frac{50-100}{5}$ cm	0-10	10-20	$\frac{20-50}{3}$	$\frac{50-100}{5}$ cm	0-10	10-20	$\frac{20-50}{3}$	$\frac{50-100}{5}$ cm	0-10	10-20	$\frac{20-50}{3}$	$\frac{50-100}{5}$ cm	0-10	10-20	$\frac{20-50}{3}$	$\frac{50-100}{5}$ cm
trocken	2.7	1.9	0.23	-0.10	5.5	3.8	1.17	0.26	7.9	4.4	1.60	0.61	9.7	3.8	1.30	0.38	5.8	3.3	0.67	0.13
feucht	1.2	1.1	0.22	-0.09	3.9	3.2	1.09	0.33	6.6	4.6	1.66	0.58	6.2	4.1	1.33	0.27				
	0.4	0.3	-0.32	-0.36	2.9	2.1	0.49	0.01	4.4	2.9	1.29	0.49	3.6	2.5	0.64	0.12	2.6	1.7	0.15	-0.04
	0.5	-0.2	-1.10	-0.76	1.0	0.5	-0.27	-0.14	1.6	1.8	0.47	-0.04	0.8	1.0	0.09	-0.11	0.6	0.6	-0.46	-0.11

Die Werte für die oberste Stufe sind aus dem Temperaturunterschied zwischen 2 und 10 cm Tiefe durch Erhöhung um 25 Proz. erhalten worden. Um den Einfluß der Lufttemperatur möglichst unschädlich zu machen, sind mit Ausnahme der Wintermonate immer je zwei Monate zu einem Mittel zusammengefaßt worden. In den Wärmeperioden ist zwischen trockenen und feuchten Epochen unterschieden, in den Kälteperioden war dies nicht möglich, da sie, abgesehen vom Winter, immer in niederschlagsfreie Zeiten fielen. Schon in der Schicht

---

[1]) R. Süring: Temperatur-Anomalien im Sandboden. Berliner Zweigverein der Deutschen Meteor.-Ges. Jahresbericht über das 28. Vereinsjahr 1911. Berlin 1912 S. 13.

von 20 — 50 cm wird der Temperaturgradient durch Witterungseinflüsse merkwürdig wenig geändert; er vergrößert sich in Wärmeperioden um rund $0^0.5$ auf 10 cm und erniedrigt sich bei Kälte um 0.6 bis $0^0.8$; zwischen 50 und 100 cm betragen die Änderungen der Gradienten nur $+0.2$ und -0.04. Die bessere Leitfähigkeit in feuchtem Boden macht sich stark und regelmäßig nur bis 10 cm Tiefe geltend, da dann der Temperaturunterschied zwischen Oberfläche und 10 cm bei Nässe immer wesentlich kleiner ist als bei Trockenheit. Aber schon zwischen 10 und 20 cm ist von solcher Wirkung nur im Winter und in den Übergangsjahreszeiten etwas zu bemerken; von Mai bis August ist nach der Zusammenstellung der Boden zwischen 10 und 50 cm bei trockener Hitze sogar besser leitend als bei feuchter; auf die geringen Unterschiede ist jedoch nicht viel Gewicht zu legen. Jedenfalls deutet aber die Zusammenstellung darauf hin, daß bei hohen Temperaturen im Sommer nicht viel Feuchtigkeit in tieferen Schichten aufgespeichert wird.

Mit den Einflüssen der Bodenbeschaffenheit auf die Temperaturleitfähigkeit in geringeren Tiefen hat sich auch schon H. Wild[1]) beschäftigt, und zwar hat er für seine Untersuchung die zeitliche Verschiebung der Temperaturextreme in Nukuss zwischen 0 und 20 cm Tiefe verwendet. Die Differenz der Eintrittszeiten der Extreme ist im Sommer größer als im Winter, desgleichen für das Maximum größer als für das Minimum. Das eigentümliche Verhalten der zwischenliegenden Schichten erklärt Wild damit, daß wahrscheinlich „die Leitungsfähigkeit des Bodens bei absolut höhern Temperaturen mit wachsender Temperatur rascher abnimmt als bei niedrigern". Da hierdurch aber nicht die ungleiche Verschiebung der Extreme verständlich wird, muß nach Wild „gerade für die Zeit der Minima in der obersten Erdschicht irgend eine Ursache vorhanden sein, welche die wegen höherer Temperatur verminderte Leitungsfähigkeit im Sommer erhöht, also kompensiert. Als solche Ursache, die in zweiter Linie modifizierend auf den normalen Temperaturgang im Boden, wie ihn die Theorie entwickelt hat, einwirkt, glaube ich die Luftströmungen in den Poren der obersten Erdschichten bezeichnen zu müssen. In den kapillaren Kanälen zwischen den Sand- und Tonpartikelchen wird zur Zeit der Minima die in der Nähe der Oberfläche durch die stärkere Abkühlung schwerer gewordene Luft heruntersinken und wärmerer, von unten nachströmender Platz machen, so daß also außer durch Leitung auch noch durch diese Luftbewegungen die Erniedrigung der Temperatur in der Tiefe beschleunigt wird; zur Zeit der Maxima findet aber Nichts dergleichen statt, da dann die wärmere, spezifisch leichtere Luft oben ist".

Von den Physikern ist kein Beweis dafür erbracht, daß die von Wild vermutete starke Abhängigkeit der Leitfähigkeit von der Temperatur besteht; es ist sogar nach den bisherigen Leitfähigkeitsbestimmungen an verschiedenen Substanzen unwahrscheinlich, daß innerhalb der im Boden vorkommenden geringen Temperaturunterschiede ein etwaiges Temperaturglied in der Leitfähigkeitskonstante meßbaren Einfluß ausübt. Die für Potsdam mitgeteilten Zahlen für die Eintrittszeiten der Extreme (S. 11) und die Änderung der Phasenwinkel der harmonischen Analyse (S. 17) sprechen gleichfalls nicht für die Annahme von Wild. Dagegen lehrt die obige Besprechung der Potsdamer Aufzeichnungen mit voller Deutlichkeit, daß zur Erklärung des

---
[1]) H. Wild: a. a. O. S. 11.

jährlichen Ganges des Wärme-Eindringens in den Erdboden an Stelle des Temperatureinflusses die verschiedene Struktur des Bodens vollkommen ausreicht. Die Temperaturleitfähigkeit wird um so besser, nicht nur je nasser, sondern auch je fester der Boden ist. Wahrscheinlich ist es unmittelbar die schlechte Leitfähigkeit der eingeschlossenen Luft, welche die Leitfähigkeit des trockenen Bodens herabsetzt. Die Bodenstruktur ist vielleicht noch wichtiger als der Feuchtigkeitsgehalt; in gewissem Sinne wird weniger das eingeschlossene Wasser als der geringe Luftgehalt die Leitfähigkeit von nassem Erdreich erhöhen. Aus dem gleichen Grunde ist auch in Frostperioden (rissiger Boden) und ganz besonders an klaren Herbsttagen trotz des jedenfalls nicht besonders trockenen Bodens und trotz der niedrigen Temperatur die Ausbreitung der Temperatur in den oberen Bodenschichten besonders schlecht.

Die von Wild angenommenen Luftströmungen in den Poren der obersten Erdschichten spielen im Verhältnis zur Bodenstruktur wohl nur eine nebensächliche Rolle. Ich glaube auch, daß die von Wild hervorgehobene Verschiedenheit in den Eintrittszeiten der Extreme — welche sich auch in Potsdam zuweilen, z. B. in sehr trockenen Perioden zeigt — weniger damit zusammenhängt, daß früh morgens ein lebhafterer Luftaustausch in den Poren der obersten Schicht herrscht, als damit, daß der Boden dann weniger locker ist (z. B. infolge von Tau) als mittags.

5. **Naturkonstanten des Erdbodens: Dichte, Wassergehalt, Wärmekapazität, Temperaturleitfähigkeit, innere Wärmeleitfähigkeit.** Um die Bodenbeschaffenheit hinsichtlich ihrer physikalischen Eigenschaften näher zu charakterisieren, ist die Kenntnis einiger Konstanten nötig, deren Feststellung teils rechnerisch aus den Temperaturaufzeichnungen, teils experimentell möglich ist. Die Dichte ς und der Wassergehalt W (g, cm^3) lassen sich leicht durch Wägung feststellen. Unter der Annahme eines festen Wertes für die spezifische Wärme c (Wärmekapazität der Gewichtseinheit trockenen Sandes rund 0.20) berechnet sich aus ς und W die Volumkapazität C (Wärmekapazität der Volumeinheit) der Bodenprobe in cal. Zur Bestimmung des Wärmeleitvermögens k (innere Wärmeleitfähigkeit, cm, g, sec^{-3}) d. h. der Wärmemenge (cal), welche in der Zeiteinheit durch die Querschnittseinheit fließt, wenn senkrecht dazu auf der Längeneinheit 1° Temperaturunterschied herrscht, ist die Kenntnis des Temperaturleitvermögens (meist mit K oder a^2 bezeichnet) notwendig. Es ist:

$$k = CK$$

K läßt sich aus der Amplituden- oder Phasenverschiebung des täglichen oder jährlichen Temperaturganges in verschiedenen Tiefen nach der Methode von Poisson — Frölich[1] berechnen.

ς, W und C sind für Potsdam durch 55 Messungsreihen für Tiefen bis zu 35 cm ermittelt worden. Es diente dazu die Methode von J. Schubert[2], welcher auch die Beschaffung und Prüfung der Apparate in der von ihm benutzten Ausführung übernommen hatte. Der Apparat besteht aus vier Messingröhren von ∞ 2 cm Durchmesser, welche vertikal in den Boden so eingetrieben werden, daß man zylindrische Bodenproben für die Tiefen von 0 — 5 cm,

---

[1] Poisson: Théorie mathématique de la chaleur. Paris 1835 S. 432, 499; O. Frölich: Zur Theorie der Erdtemperatur. Schlömilchs Zeitschr. für Math. und Phys. **16**, S. 89, 1871.

[2] J. Schubert: Der jährliche Gang der Luft- und Bodentemperatur im Freien und in Waldungen und der Wärmeaustausch im Erdboden. Berlin, J. Springer 1900. S. 39.

5 — 15 cm, 15 — 25 cm, 25 — 35 cm erhält. Die Proben werden zuerst gewogen, dann sorgfältig getrocknet und nochmals gewogen; die Differenz, dividiert durch das Volumen, gibt W. Das Gewicht der Trockensubstanz, multipliziert mit der spezifischen Wärme und geteilt durch das Volumen gibt den „Wasserwert" T der Trockensubstanz. Dann ist:

$$T + W = C.$$

Das Ergebnis der Messungen, welche in den Jahren 1907 und 1908 ausgeführt worden sind, ist schon in meiner Arbeit über Temperaturanomalien im Sandboden[1]) enthalten. Die auffallende Tatsache, daß der Wassergehalt und damit auch die Wärmekapazität zwischen 5 und 15 cm fast ausnahmslos wesentlich größer ist als darüber und darunter, ist seitdem nachgeprüft worden und voll bestätigt gefunden. Es wurden nicht nur die Ausmaße der Röhren neu bestimmt, sondern es wurde auch einige Male gleichzeitig mit zwei verschiedenen Apparaten gemessen. Die Unterschiede im Wassergehalt, welche die beiden Apparate gaben, waren im Mittel von 3 Vergleichsmessungen

in 0 — 5   5 — 15   15 — 25   25 — 35 cm Tiefe
   0.06   0.01   —0,04   —0.02   g, cm³

Das sind Abweichungen, die innerhalb der Genauigkeitsgrenze der Methode liegen.

Die Messungen wurden 1907 und 1908 in Zwischenräumen von meist 10 Tagen vormittags zwischen 10 und 12 Uhr vorgenommen. Bei sehr trockenem Boden wird die Messung dadurch ungenau, daß leicht Sand von den Seiten in die Maßröhre fließt, so daß das ausgestochene Volumen zu groß und damit der Wassergehalt und die Wärmekapazität zu klein werden. Das gilt z. B. für die Messung in 5—15 cm Tiefe am 12. III. 1912. Anderseits destilliert bei der Wägung leicht Kondensationswasser ab, welches sich zwischen Rohr und Stöpsel gebildet hat; es können daher auch in den Mittelwerten wohl nur die beiden ersten Dezimalen verbürgt werden.

Mit Rücksicht auf die Seltenheit solcher Messungen sind in Tabelle V des Anhangs die Einzelbestimmungen mitgeteilt worden; daraus ergeben sich als jahreszeitliche und Jahresmittel, sowie als absolute Extreme:

	Zahl der Mess.	Dichte				Wassergehalt (g cm³)				Wärmekapazität (cal cm³)					
		0-5	5-15	15-25	25-35 cm	0-5	5-15	15-25	25-35 cm	0-5	5-15	15-25	25-35	0-35	5-35 cm
Winter . . .	4	1.632	1.757	1.658	1.667	0.107	0.162	0.103	0.082	0.412	0.481	0.414	0.399	0.426	0.431
Frühjahr . .	23	1.595	1.684	1.707	1.631	0.045	0.094	0.057	0.049	0.355	0.412	0.387	0.366	0.380	0.388
Sommer . .	17	1.619	1.737	1.699	1.658	0.048	0.101	0.056	0.045	0.362	0.428	0.383	0.366	0.385	0.392
Herbst . . .	11	1.638	1.687	1.692	1.655	0.038	0.092	0.042	0.040	0.358	0.411	0.372	0.363	0.376	0.382
Jahr	55	1.621	1.716	1.689	1.653	0.060	0.112	0.064	0.054	0.372	0.433	0.389	0.374	0.392	0.399
Maxim. . . .	—	1.726	1.838	1.816	1.740	0.115	0.223	0.176	0.105	0.415	0.516	0.506	0.406	—	—
Min.	—	1.424	1.577	1.581	1.565	0.004	0.040	0.023	0.005	0.288	0.353	0.350	0.345	—	—

Die Dichte und ebenso die Wärmekapazität des trockenen Bodens ist in 5 — 25 cm Tiefe am größten — die Stufen 5—15 cm und 15—25 cm haben nahezu die gleichen Beträge —, während der Wassergehalt und damit auch die Wärmekapazität des feuchten Bodens ein ausgesprochenes Maximum zwischen 5 und 15 cm haben. Weiter abwärts nimmt die Dichte nur

---
[1]) a. a. O. S. 20.

langsam ab, so daß die Schicht von 25 — 35 cm meist dichter ist als die oberste Bodenschicht. Wassergehalt und Wärmekapazität nehmen dagegen schon unterhalb von 15 cm rasch ab; die Stufe 25—35 cm enthält ungefähr ebenso viel Wasser wie die Stufe 5 cm unter der Oberfläche. Infolge der verschiedenen Änderung von Dichte und Wassergehalt mit der Tiefe kann man nicht — wie man vielleicht zunächst vermuten könnte — die umständliche und wenig genaue Bestimmung der Wärmekapazität durch eine einfache Dichtebestimmung ersetzen; das Verhältnis von Dichte zu Wärmekapazität ist zwar im Jahresmittel zwischen 0 und 5, 15 und 25, 25 und 35 cm ziemlich übereinstimmend 4.4, dagegen zwischen 5 und 15 cm nur 4.0. Desgleichen ist das Verhältnis in nassen Wintermonaten rund 12 Prozent kleiner als in den übrigen Jahreszeiten.

Die Abweichungen der einzelnen Dichtigkeitsbestimmungen vom Mittelwert nehmen mit zunehmender Tiefe rasch ab, so daß der für 30 cm gefundene Jahreswert 1.65 schon recht genau sein wird. Voraussichtlich wird er weiter abwärts nicht unter 1.6 sinken und dann wieder ansteigen. Beachtung verdient, daß die Dichte der obersten Erdschicht in trockenen Herbst- und Frühlingstagen bis auf 1.4 herabgehen kann; der Sand ist dann also außerordentlich lufthaltig.

Der Wassergehalt zeigt eine ausgesprochene Schichtbildung. Zwischen 5 und 15 cm ist er fast doppelt so groß wie darüber und darunter. Noch bemerkenswerter ist vielleicht, daß unter den 55 Messungen nur ein einziger Fall ist, in dem die oberste 5 cm-Schicht feuchter war, als die darunter liegende Stufe 5—15 cm. Es geschah dies in dem sehr trockenen Oktober 1908 (gesammte Monatsmenge des Niederschlags 0.2 mm), aber auch damals trat diese Erscheinung nur auf an einem klaren Tage (21. X.), als der mit Reif bedeckte Boden erst spät vormittags auftaute. Der Wassergehalt in 5—15 cm erreichte damals sein absolutes Minimum. Unter den 55 Messungen sind aber auch nur 9 Fälle, wo die 5—15 cm-Stufe trockener war als die darunter liegenden Stufen 15—25 und 25—35 cm. Hiervon kommen 7 auf trockenes oder windiges Frühlings- oder Herbstwetter, als der Boden offenbar durch Verdunstung bis auf etwa 15 cm Tiefe ausgetrocknet wurde. Den höchsten Wassergehalt mit 0.223 g im ccm hatte der Boden in 10 cm Tiefe am 20. XII. 1917. Trotzdem damals innerhalb der vorherigen 24 Stunden 14 mm Regen und auch in den vorangegangenen Tagen häufig Niederschlag gefallen war und am 19. den ganzen Tag über Nebel oder Sprühregen herrschte, war der Boden unterhalb von 15 cm weniger als halb so wasserhaltig wie zwischen 5 und 15 cm. Der niedrigste Wassergehalt war 0.004 g in der obersten Bodenschicht während der warmen und trockenen Junihälfte 1908. In dieser Periode sank der Wassergehalt auch in der Schicht zwischen 25 und 35 cm bis auf 0.005 g, während er zwischen 5 und 15 cm nicht unter 0.061 und zwischen 15 und 25 cm nicht unter 0.026 g sank. Aus der durchschnittlich geringen Verschiedenheit des Wassergehalts in den beiden untersten Stufen läßt sich schließen, daß von 20 cm abwärts nur noch eine sehr langsame Abnahme des Wassergehaltes nach unten stattfinden wird.

Unser Ergebnis, daß sich am meisten Feuchtigkeit zwischen 5 und 15 cm Tiefe aufspeichert, steht in gutem Einklang mit den vorher besprochenen Beziehungen zwischen Bodentemperatur und trockenen oder feuchten Wärmeperioden. Sucht man sich unter den Tagen, wo der Wassergehalt direkt bestimmt wurde, solche heraus, an denen die obersten

Schichten besonders trocken oder besonders feucht waren, und vergleicht man diejenigen mit annähernd gleichen Oberflächentemperaturen, so findet man wieder, daß bei trockenem Wetter die Temperaturabnahme bis 10 cm Tiefe durchschnittlich etwas größer, die Temperaturleitfähigkeit, also schlechter ist als bei feuchtem Wetter, daß sich aber darunter das Verhältnis umkehrt. Die Temperaturabnahme nach unten betrug auf 10 cm Tiefenunterschied in der Schicht von:

	0-10	10-20	20-50	50-100 cm
trocken ..	3.4	1.3	0.24	0⁰.04
feucht ...	3.1	1.8	0.48	0⁰.00

Unterhalb von 10 cm sind also andere Einflüsse, wahrscheinlich die Bodenstruktur, für die Temperaturleitung wichtiger als der Feuchtigkeitszustand.

In der Wärmekapazität ist ähnlich wie im Wassergehalt ein jahreszeitlicher Gang mit einem Maximum im Winter und einem Minimum im Herbst gut ausgeprägt. Sieht man von der obersten 5 cm-Schicht ab, so beträgt die Wärmekapazität bis 35 cm Tiefe 0.40 cal im cm³. Dies ist — wohl nur zufällig — die für Sandboden gewöhnlich benutzte Zahl; sie ist aber wahrscheinlich zu hoch, wenn man Schichtdicken von mehr als $1/2$ m betrachtet. Der Jahreswert von 0.40 cal sinkt, wenn man nur die Stufe 15—35 cm berücksichtigt, auf 0.382 und für 25—35 cm auf 0.374. Es ist anzunehmen, daß für eine Gesamtschicht von etwa 6 m $C = 0.36$ cal betragen wird.

Die Temperaturleitfähigkeit K ist, wie schon erwähnt, nach der Poisson-Frölich'schen Methode aus den Amplituden- oder Phasenverschiebungen der Sinusschwingung in verschiedenen Bodentiefen abgeleitet worden. Hiernach ist, je nachdem man mit den Amplituden a oder mit den Phasen α rechnet:

$$\sqrt{K} = \frac{(x_2 - x_1) \text{ Mod. } \sqrt{\frac{m\pi}{t}}}{\log a_1 - \log a_2} = \frac{57.296 (x_2 - x_1) \sqrt{\frac{m\pi}{t}}}{\alpha_1 - \alpha_2},$$

wo x die Tiefenstufe, t die Zeit in Tagen, m die Ordnung der Partialschwingung bedeutet. Da in unserem Falle nur mit dem ersten Glied der harmonischen Analyse gerechnet werden soll, wird

für die jährliche Schwankung: $\sqrt{K} = 0.040278 \dfrac{x_2 - x_1}{\log a_1 - \log a_2} = 5.31387 \dfrac{x_2 - x_1}{\alpha_1 - \alpha_2}$,

für die tägliche Schwankung: $\sqrt{K} = 0.76975 \dfrac{x_2 - x_1}{\log a_1 - \log a_2} = 101.545 \dfrac{x_2 - x_1}{\alpha_1 - \alpha_2}$.

Für den jährlichen Temperaturgang in verschiedenen Tiefen sind folgende Konstanten der ersten beiden Glieder der harmonischen Analyse (für 1 bis 12 m Tiefe gültig für den Zeitraum 1895—1910 und den Jahresanfang als Nullpunkt) gefunden:

Tiefe	a_0	a_1	a_2	α_1	α_2
10 cm	9.04	11.05	0.53	255⁰ 22′	60⁰ 31′
20 cm	9.12	10.67	0.53	255⁰ 35′	73⁰ 42′
1 m	9.58	8.50	0.52	239⁰ 47′	64⁰ 56′
2 m	9.75	6.21	0.33	221⁰ 17′	36⁰ 0′
4 m	9.84	3.45	0.15	184⁰ 22′	340⁰ 45′
6 m	9.75	1.95	0.07	149⁰ 32′	302⁰ 52′
12 m	9.60	0.33	0.01	49⁰ 42′	239⁰ 26′

Die daraus bestimmten Werte von $\sqrt{K}$ sind:

Tiefenstufe	berechnet aus		Mittel
	a_1	α_1	
20 cm — 1 m	32.50	27.25	29.88
1 — 2 m	29.54	28.72	29.13
2 — 4 m	28.72	31.54	30.13
4 — 6 m	30.54	32.50	31.52
6 — 12 m	31.94	31.48	31.71
Mittel 1 — 12 m	30.18	31.08	30.63

Läßt man die Schicht bis zu 1 m Tiefe unberücksichtigt, so ergibt sich als Mittelwert für K:

$$K = 938.20 \text{ cm}^2 \cdot \text{Tag}^{-1} = 0.6515 \text{ cm}^2 \text{ min}^{-1} = 0.01086 \text{ cm}^2 \text{ sec}^{-1}.$$

Das ist auch für Sand ein verhältnismäßig hoher Wert — Pawlowsk ergab 0.452, Nukuss 0.262, Königsberg i. P. 0.529, Eberswalde 0.56 cm² min⁻¹ —, und ist wiederum ein Beweis für das feinkörnige und gleichmäßige Gefüge des Potsdamer Sandbodens. Das Erdreich hat also, trotzdem es — wenigstens in den oberen Schichten — so locker ist, einen verhältnismäßig geringen Luftgehalt. Auch bei Nichtberücksichtigung der obersten Bodenschicht von 1 m tritt in den K-Werten ziemlich deutlich hervor, daß die Temperaturleitfähigkeit mit wachsender Tiefe zunimmt. Die von andern Orten vorliegenden Ergebnisse widersprechen sich in diesem Punkte. Eine Zunahme von K mit größerer Tiefe ist jedoch von vornherein zu erwarten, da der Sand in der Tiefe durch Druck immer fester geschichtet und weniger lufthaltig wird.

Wenn auch die aus den obersten Bodenschichten berechneten K stark wechselnd und ihrem absoluten Betrage nach unsicher ausfallen, so ist es doch von Interesse festzustellen, ob sich in ihnen ein jährlicher Gang infolge von Verschiedenheiten in Wassergehalt, Bodenstruktur, Konvektion zeigt. Es ist daher der Versuch gemacht, K aus den Amplituden- und Phasenverschiebungen der täglichen Temperaturgänge in 10 und 20 cm Tiefe für 6 Monate aus dem Jahrgang 1914/15 abzuleiten.

		Febr.	April	Juni	Aug.	Okt.	Dez.	Jahr
10 cm	a_1	0.710	3.293	3.265	3.536	1.066	0.503	2.062
	α_1	197.4	203.3	208.0	205.7	209.9	203.0	204.8
20 cm	a_1	0.349	1.962	2.026	2.152	0.607	0.274	1.228
	α_1	166.2	173.2	178.2	175.4	180.6	171.9	174.2
$\sqrt{K}$	ber. aus a	24.98	34.07	37.14	35.69	31.47	29.21	32.07
	ber. aus α	32.28	33.74	34.08	33.57	34.58	32.19	33.40
	Mittel	28.63	33.90	35.61	34.63	33.02	30.70	32.73

Trotz der wahrscheinlich etwas zu hohen Zahlen ist also ein jährlicher Gang in ihnen ganz gut ausgesprochen. Allerdings tritt er wohl stärker hervor, als er sich aus mehrjährigen Mitteln ergeben wird, da der Juni 1914 infolge seines Regenreichtums (70.6 mm Monatsmenge, während der Normalwert 57.2 ist) ein besonders gutes Leitvermögen und der Februar 1915 bei einem in der ersten Monatshälfte meist gefrorenen und später ziemlich trockenen Boden schlechtes Leitvermögen gehabt haben wird. Auf das hier direkt sich ergebende schlechte Leitvermögen bei Frost, das schon auf S. 21 besprochen wurde, möge hier nochmals hingewiesen werden, da meist behauptet ist, daß gefrorener Boden besser leitet als frostfreier. Diese Ansicht stützt sich darauf, daß der Boden im Winter wasserhaltiger ist, und daß der Eisboden von Jakutzk ein verhältnismäßig hohes Leitvermögen (0.615 cm² min^{-1}) habe. Der Wert von Jakutzk ist aber an und für sich gar nicht besonders hoch, und außerdem ist — wenigstens bei Sand — gefrorener Boden meist auch rissig.

Aus den Werten von K und C läßt sich nach S. 21 die innere Wärmeleitung k berechnen. Benutzt man zunächst die für die Schicht von 10—20 cm gültigen K-Werte, indem man sie durch Abzug von 10% auf den nach S. 25 wahrscheinlichsten Jahresmittelwert von 0.01086 cm²sec^{-1} umrechnet und die C-Werte für die Schicht von 0—25 cm nach der Tabelle auf S. 22 zugrunde legt, so erhält man für k:

	Winter	Frühling	Sommer	Herbst	Jahr
k =	0.00371	0.00408	0.00458	0.00392	0.00437 cm g sec^{-3}

Nach unten hin wird k etwas abnehmen, jedoch nicht beträchtlich, denn rechnet man mit dem K-Wert für die Stufe von 6—12 m und mit C = 0.36, so wird:

$$k = 0.00418$$

Als Durchschnittswert der inneren Wärmeleitfähigkeit des Potsdamer Sandbodens ergibt sich somit:

$$k = 0.0043 \text{ cm g sec}^{-3}$$

Andere Angaben für k im Sandboden liegen meines Wissens nur vor von Ad. Schmidt[1]) für Königsberg i. Pr. auf Grund von — wahrscheinlich etwas zu hohen Schätzungen — der Wärmekapazität und von P. Schreiber[2]) auf Grund vorläufiger experimenteller Prüfungen an künstlich durchfeuchteten Sandproben. Eine Fortsetzung der Schreiberschen Versuche mit besseren Hilfsmitteln wird voraussichtlich eine dankbare Aufgabe sein. Nachstehend sind die Bodenkonstanten von Sand im CGS-System, welche Ad. Schmidt, P. Schreiber und ich gefunden haben, nochmals zusammengestellt.

		ρ	c	k	K
Versuche von Schreiber	feuchter Sand	1.46	0.340	0.0032	0.00931
	sehr feuchter S.	1.73	0.528	0.0053	0.00997
	Königsberg in Pr.	—	0.50	0.0044	0.00882
Potsdam	Schicht von 0—25 cm	1.67	0.389	0.0044	0.01086
	tiefere Schichten	—	0.360	0.0042	0.01163

6. Beziehungen zwischen Lufttemperatur und Bodentemperatur. Hinsichtlich des Vergleichs der Bodentemperatur mit der Lufttemperatur beschränke ich mich auf einige statistische Zusammenstellungen, da die Vorgänge an der Grenzfläche von Luft und Erdboden für Potsdam nicht genau genug bekannt sind, um die Art der Wärmeübertragung selbst näher

---

[1]) A. Schmidt: a. a. O. S. 124.
[2]) P. Schreiber: Studien über Erdbodenwärme und Schneedecke. Jahrbuch des Königl. sächs. meteor. Institutes für das Jahr 1901, S. 14.

verfolgen zu können. Desgleichen lassen sich nicht die harmonisch analysierten Temperaturgänge für Luft und Boden mit einander vergleichen, da die Temperaturkurven ganz verschiedene Gestalt haben. In der Luft ist die Abweichung von einer Sinuskurve viel erheblicher als im Boden, wie z. B. die Juligänge zeigen.

Luft: $t = 16^0.63 + 3.18 \sin (217^0.9 + x) + 0.42 \sin (80^0.7 + 2x) + 0.31 \sin (45^0.3 + 3x)$
Boden (20 cm): $t = 19.71 + 1.99 \sin (174.03 + x) + 0.23 \sin (356^0.6 + 2x) + 0.03 \sin (127^0.4 + 3x)$

Um die Beziehungen zwischen Luft- und Bodentemperatur[1]) möglichst rein zum Ausdruck zu bringen, sind die Stundenwerte der Lufttemperatur von Strahlungsfehlern der Aufstellung und der Thermometer befreit. Zu dem Zwecke ist die Temperaturreihe 1910 bis 1916 teils direkt aus Stundenmitteln des aspirierten Thermographen auf der Beobachtungswiese entnommen, teils durch neu abgeleitete Korrektionen für die Ablesungen in der „Englischen Hütte" auf wahre Lufttemperaturen zurückgeführt.

Um sowohl den jährlichen wie den täglichen Gang des Unterschiedes zwischen Lufttemperatur in 2 m Höhe und Bodentemperatur in 20 cm Tiefe zu zeigen, sind in Tabelle VI des Anhangs die mittleren Stundenwerte dieser Differenzen zusammengestellt. Zum Vergleich mit andern Orten sind darunter noch die Monatsmittel dieser Differenzen für Bergedorf (Hamburger Sternwarte) und Pawlowsk gesetzt. Bergedorf (auf dem Gojenberge 19 km ESE von Hamburg, 35 m über NN, Jahrgänge 1916—1918) hat ähnliche Bodenverhältnisse wie Potsdam, nämlich in den oberen Schichten fast reinen Sand, dem weiter unten Lehm beigemischt ist. Die Station liegt noch auf der sogen. „Geest", aber hart am Rande gegen die nach S vorgelagerte Elbmarsch. Die Beobachtungen werden um 7^a, 2^p und 9^p angestellt, und zwar in 20 cm an einem Haakschen Bodenthermometer mit Blechschutzhülse; die Lufttemperaturen in 2 m Höhe sind auf das Aspirationsthermometer reduziert. Die Lufttemperaturen in Pawlowsk beziehen sich auf den Zeitraum 1879—1888 und sind in Blechgehäusen, teils im Thermometerpavillon an der Nordseite des Observatoriums, teils in der sogen. Wild'schen Hütte erhalten.

Das bemerkenswerteste Ergebnis dieser Zusammenstellung ist, daß sich der jährliche und der tägliche Gang insofern entgegengesetzt verhalten, als die Luft zur wärmsten Tageszeit wärmer ist als der Boden in 20 cm Tiefe, dagegen in der wärmsten Jahreszeit relativ am kältesten. Der jährliche Gang hat an allen drei Stationen ungefähr den gleichen Verlauf, wenn auch im Einzelnen noch viele Unregelmäßigkeiten vorkommen. Nach Jahreszeiten geordnet sind die Differenzen: Lufttemperatur minus Bodentemperatur

	Potsdam	Bergedorf	Pawlowsk
Winter	$+0^0.26$	$-0^0.93$	$-1^0.51$
Frühling	—1.15	—1.30	—0.69
Sommer	—3.05	—2.66	—1.74
Herbst	—0.92	—1.61	—1.49
Jahr	—1.24	—1.62	—1.36

[1]) Wenn im folgenden von Bodentemperatur gesprochen wird, so bezieht sich dies immer nur auf die Tiefe von 20 cm.

Die Amplitude ist am größten in Potsdam: hier allein sind auch die Lufttemperaturen im mehrjährigen Mittel während der meisten Wintermonate und sogar im März höher als die Bodentemperatur. Größe und Vorzeichen dieser Differenz ist vorwiegend abhängig vom Witterungscharakter des betreffenden Monats. In besonders warmen und trüben Wintermonaten liegt in Potsdam das Tagesmittel der Lufttemperatur über dem der Bodentemperatur; vereinzelt zeigt sich dies auch in Bergedorf. Die Abkühlung während der Nacht reicht alsdann nicht aus, um die Temperatur der an und für sich ziemlich warmen Luft soweit unter die Bodentemperatur zu erniedrigen, daß ihre Differenz auch im Tagesmittel negativ bleibt. Februar und März verhalten sich in Potsdam ganz anders wie in Bergedorf — wahrscheinlich, weil nicht dieselben Jahre zur Mittelbildung benutzt werden konnten —, von April an ist aber der Jahresverlauf an beiden Stationen ungefähr der gleiche. Die Differenz: Luft- minus Bodentemperatur erreicht im Juni ihren größten negativen Wert, der Boden ist dann also im Vergleich zur Lufttemperatur am wärmsten, aber je wärmer der Monat ist, desto geringer wird die Differenz zwischen Luft- und Bodentemperatur. Pawlowsk stimmt nicht so gut mit Potsdam überein wie Bergedorf; wahrscheinlich ist dort infolge von Fehlern der Hüttenaufstellung die Lufttemperatur im Winter zu niedrig, im Sommer zu hoch.

Ganz regelmäßig verläuft der tägliche Gang der Differenz zwischen Lufttemperatur und Bodentemperatur in 20 cm Tiefe (vergl. Tabelle VI). Ungefähr von Mitternacht an, häufig schon früher, bis 4 oder 5^a bleiben die Differenzen — mit Ausnahme von Februar und März, welche sich auch sonst abweichend verhalten — nahezu konstant, d. h. Luft- und Bodentemperatur haben einen fast parallelen Gang. Dann beginnt zunächst die Lufttemperatur und etwa $2^1/_2$ bis 3 Stunden später die Bodentemperatur zu steigen (vergl. Tabelle III des Anhangs), allerdings die Lufttemperatur wesentlich rascher, so daß in allen Jahreszeiten zwischen 9 und 10^a die Luft wärmer wird als der Boden. Ziemlich genau um Mittag ist die Luft relativ am wärmsten. Im Juni sinkt die Lufttemperatur schon vor 2^p unter die Bodentemperatur. Je mehr wir uns dem Winter nähern, desto später schneiden sich die beiden Temperaturkurven; im Februar findet dies kurz vor 11^p, im Dezember sogar erst nach 1^a statt. Im Sommer ist die Luft nachts bis zu $6^1/_2{}^0$ kälter als der Boden in 20 cm Tiefe. Pawlowsk hat fast denselben täglichen Gang der Temperaturdifferenzen wie Potsdam, die hier geschilderten Verhältnisse können daher als typisch für Sandboden gelten.

Der in der Luft ungemein starke Strahlungseinfluß macht sich besonders in den Extremen bemerkbar. Die aperiodische Temperaturschwankung (Differenz zwischen den mittleren absoluten Extremen) ist in der Luft rund 11^0 größer als in 20 cm Tiefe. Im März erreicht der Unterschied $12^0.6$, das Minimum der Lufttemperatur ist alsdann $4^0.1$ niedriger als das Bodenminimum, während das Lufttemperaturmaximum $8^0.5$ höher ist. Am 30. März 1911 war das Maximum der Lufttemperatur sogar $11^0.6$ höher als das im Boden. In den heißesten Monaten Juli und August ist das Maximum der Lufttemperatur nur um $8^0.2$ über das Maximum in 20 cm Tiefe gestiegen (23. Juli 1911). Das Ausschlaggebende für die Größe dieser Differenz ist die Dauer einer gleichsinnigen Temperaturänderung in der Luft. Mit Ausnahme der Monate Februar bis April steigt das Maximum der Lufttemperatur immer weniger über das Bodenmaximum, als das Luftminimum unter das Bodenminimum sinkt. Berücksichtigt man aber, daß das Tagesmittel der Lufttemperatur fast immer tiefer liegt als dasjenige der Bodentemperatur, und bildet man die stündlichen Abweichungen von dieser mittleren Tagesdifferenz, so zeigt sich — wie zu erwarten —, daß die positiven Abweichungen größer sind als die negativen.

Eine eigentümliche Folge der langsamen Temperaturausbreitung im Erdboden ist schließlich die im Boden und in der Luft sehr verschieden lange Dauer und Häufigkeit extremer Witterungserscheinungen. Kurz dauernde und wenig heftige Störungen sind im allgemeinen in der Luft häufiger als im Erdboden; erlangen diese Störungen größere Intensität, so dauern sie im Boden länger an als in der Luft. Die Zahl der Frosttage (Tage mit einem Temperaturminimum unter 0º) ist in der Luft mehr als doppelt so groß wie in 20 cm Tiefe; dagegen ist die Zahl der Eistage (Tage, an denen sich die Temperatur stets unter 0º befindet) im Boden größer als in der Luft. Natürlich spielt hierbei auch die zum Auftauen des Bodens nötige Schmelzwärme eine wichtige Rolle. Sommertage (Maximum 25º oder mehr) sind in der Luft mehr als doppelt so häufig wie im Boden.

Zahl der Frost-, Eis- und Sommertage. (Mittel 1910—1918)

	Jan.	Febr.	März	April	Mai	Juni	Juli	Aug.	Sept.	Okt.	Nov.	Dez.	Summe
						1) Frosttage.							
Luft	21.8	17.8	16.0	4.6	0.3	—	—	—	—	3.2	9.6	11.9	85.2
20 cm Tiefe	14.4	14.8	3.7	—	—	—	—	—	—	—	1.3	2.1	36.3
						2) Eistage							
Luft	9.2	3.6	1.3	—	—	—	—	—	0.1	2.0	4.6	20.8
20 cm Tiefe	10.8	9.4	2.1	—	—	—	—	—	—	1.0	1.4	24.7
						3) Sommertage							
Luft	—	—	—	0.7	5.7	9.0	11.0	8.2	2.2	—	—	—	36.8
20 cm Tiefe	—	—	—	0.6	5.1	8.0	3.6	—	—	—	—	16.3

7. Zusammenfassung. Von den Ergebnissen der vorstehenden Untersuchung sollen die wichtigsten zum Schlusse noch einmal zusammengefaßt werden:

1. Da stündliche Augenbeobachtungen künftig immer schwerer zu ermöglichen sein werden, wird man auch für Bodentemperaturen zu selbsttätigen Aufzeichnungen übergehen müssen. Der Richard'sche Bodenthermograph ist hierzu gut brauchbar unter der Voraussetzung daß mindestens dreimal täglich Vergleichungen mit direkten Ablesungen am Quecksilberthermometer stattfinden, und daß die Amplitudenkorrektion in kleinen Grenzen gehalten wird. Eine stetige instrumentelle Überwachung des Apparats ist daher unerläßlich. Die Trägheit des Thermographenkörpers spielt eine so geringe Rolle, daß die dadurch entstehende Fälschung von Phase und Amplitude der Temperaturkurve meist vernachlässigt werden kann.

2. Der tägliche Gang der Bodentemperatur in Potsdam konnte für 10 und 20 cm Tiefe abgeleitet werden. Bemerkenswert ist u. a. die sehr schnelle Temperaturausbreitung im Potsdamer Sandboden; die Eintrittszeiten der Extreme verschieben sich hier schneller als an irgend einer andern Station, von welcher stündliche Aufzeichnungen vorliegen.

3. Zur Ableitung des Tagesmittels aus Terminbeobachtungen um 7^a, 2^p und 9^p eignet sich im Sandboden für 10 cm Tiefe die Formel: $1/_{10}\,(4 \times 7^a + 3 \times 2^p + 3 \times 9^p)$ und für 20 cm Tiefe: $1/_8\,(3 \times 7^a + 2 \times 2^p + 3 \times 9^p)$. Durch die letztere Formel wird die Genauigkeit der Monatsmittel bis auf mindestens $\pm 0^0.1$ wiedergegeben.

4. Die Darstellung des täglichen Ganges bei verschiedenen Witterungszuständen in 10 und 20 cm Tiefe durch harmonische Analyse zeigt, daß Phase und Amplitude am meisten durch den Luftgehalt des Bodens beeinflußt werden. An zweiter Stelle steht der Einfluß des Wassergehalts des Bodens. Die Änderung der Temperaturleitfähigkeit des Bodens durch Temperatur kann vernachlässigt werden.

5. Teils rechnerisch, teils experimentell sind für den Potsdamer Sandboden bis 35 cm Tiefe Dichte, Wassergehalt, Wärmekapazität, Temperaturleitfähigkeit und innere Wärmeleitfähigkeit abgeleitet worden. Dabei zeigen sich charakteristische jahreszeitliche Einflüsse. Auffallend ist u. a. das Maximum des Wassergehalts in der Schicht zwischen 5 und 15 cm Tiefe.

6. Die Unterschiede: Lufttemperatur weniger Bodentemperatur in 20 cm Tiefe haben einen jährlichen Gang, der entgegengesetzt dem täglichen ist; die negativen Differenzen sind am größten im Sommer und in der zweiten Nachthälfte, die positiven Differenzen sind am größten im Winter und um Mittag.

Tabelle I. Monatsmittel der Bodentemperatur in 20 cm Tiefe. Potsdam.

Jahrgang 1910.

Monat	1ᵃ	2ᵃ	3ᵃ	4ᵃ	5ᵃ	6ᵃ	7ᵃ	8ᵃ	9ᵃ	10ᵃ	11ᵃ	12ᵃ	1ᵖ	2ᵖ	3ᵖ	4ᵖ	5ᵖ	6ᵖ	7ᵖ	8ᵖ	9ᵖ	10ᵖ	11ᵖ	12ᵖ	Mittel 24stünd.	Mittel Termin-[1]
Januar	1.36	1.36	1.36	1.35	1.33	1.34	1.32	1.31	1.32	1.36	1.37	1.42	1.46	1.48	1.51	1.50	1.49	1.52	1.50	1.48	1.45	1.44	1.41	1.39	1.41	1.41
Februar	1.50	1.47	1.45	1.41	1.39	1.34	1.31	1.29	1.29	1.31	1.39	1.50	1.58	1.75	1.83	1.88	1.90	1.92	1.90	1.85	1.80	1.72	1.67	1.62	1.58	1.60
März	3.62	3.41	3.21	3.01	2.90	2.81	2.71	2.72	2.82	2.92	3.01	3.33	3.70	4.21	4.68	4.95	5.05	5.05	4.93	4.77	4.56	4.31	4.03	3.81	3.77	3.78
April	8.38	8.06	7.74	7.41	7.14	6.91	6.81	6.83	7.02	7.28	7.65	8.13	8.77	9.38	9.89	10.27	10.46	10.46	10.32	10.18	9.95	9.67	9.30	9.00	8.63	8.63
Mai	14.88	14.43	14.00	13.58	13.22	12.93	12.85	12.99	13.24	13.73	14.33	14.92	15.65	16.34	16.92	17.25	17.40	17.34	17.14	16.95	16.71	16.36	15.98	15.55	15.20	15.17
Juni	20.60	20.21	19.57	19.13	18.75	18.45	18.38	18.48	18.72	19.10	19.70	20.42	21.26	22.05	22.72	22.98	23.12	23.07	22.88	22.64	22.38	22.04	21.60	21.17	20.80	20.80
Juli	18.13	17.77	17.40	17.11	16.77	16.63	16.57	16.55	16.72	17.05	17.52	18.09	18.80	19.44	20.03	20.44	20.61	20.60	20.43	20.20	19.84	19.54	19.11	18.73	18.50	18.51
August	18.33	17.97	17.61	17.31	17.03	16.77	16.67	16.69	16.84	17.15	17.63	18.24	18.82	19.59	19.96	20.27	20.38	20.29	20.12	19.90	19.61	19.27	18.88	18.51	18.49	18.50
September	13.94	13.65	13.42	13.16	12.94	12.77	12.62	12.61	12.65	12.91	13.37	14.03	14.56	15.24	15.64	15.82	15.85	15.74	15.56	15.33	14.99	14.72	14.43	14.14	14.17	14.14
Oktober	9.30	9.09	8.94	8.74	8.59	8.45	8.32	8.22	8.24	8.38	8.62	9.15	9.57	10.14	10.41	10.55	10.56	10.50	10.35	10.17	9.91	9.68	9.46	9.25	9.36	9.38
November	2.22	2.17	2.13	2.09	2.05	2.00	1.96	1.92	1.92	1.94	2.00	2.12	2.33	2.37	2.41	2.42	2.42	2.37	2.26	2.19	2.03	2.17	2.17
November	2.22	2.17	2.13	2.09	2.05	2.00	1.96	1.92	1.92	1.94	2.00	2.12	2.33	2.37	2.41	2.42	2.42	2.37	2.26	2.19	2.03	2.17	2.17
Dezember	1.52	1.47	1.45	1.41	1.39	1.38	1.37	1.37	1.37	1.39	1.40	1.47	1.55	1.64	1.68	1.70	1.70	1.72	1.71	1.68	1.64	1.62	1.58	1.54	1.53	1.50
Jahr	9.48	9.25	9.02	8.81	8.62	8.48	8.41	8.42	8.51	8.71	9.00	9.41	9.83	10.29	10.64	10.84	10.91	10.88	10.77	10.62	10.42	10.21	9.96	9.73	9.63	9.63

Jahrgang 1911.

Monat	1ᵃ	2ᵃ	3ᵃ	4ᵃ	5ᵃ	6ᵃ	7ᵃ	8ᵃ	9ᵃ	10ᵃ	11ᵃ	12ᵃ	1ᵖ	2ᵖ	3ᵖ	4ᵖ	5ᵖ	6ᵖ	7ᵖ	8ᵖ	9ᵖ	10ᵖ	11ᵖ	12ᵖ	Mittel 24stünd.	Mittel Termin-[1]
Januar	0.07	0.05	0.04	0.01	−0.01	−0.03	−0.07	−0.08	−0.06	−0.02	−0.02	0.04	0.06	0.11	0.11	0.11	0.12	0.14	0.13	0.13	0.13	0.12	0.09	0.08	0.05	0.05
Februar	0.46	0.38	0.28	0.18	0.12	0.07	0.02	−0.06	−0.10	−0.05	0.05	0.26	0.42	0.72	0.90	1.00	1.04	1.04	1.02	0.94	0.88	0.79	0.72	0.62	0.49	0.54
März	3.61	3.40	3.20	3.04	2.90	2.74	2.64	2.58	2.61	2.74	2.93	3.38	3.88	4.55	4.97	5.22	5.33	5.26	5.15	4.91	4.71	4.49	4.25	4.00	3.85	3.89
April	8.98	8.61	8.34	8.01	7.74	7.58	7.48	7.52	7.62	7.91	8.23	8.88	9.51	10.22	10.85	11.18	11.36	11.27	10.97	10.71	10.38	9.99	9.67	9.29	9.26	9.33
Mai	15.57	14.99	14.51	14.04	13.70	13.46	13.46	13.95	14.51	15.25	16.14	16.84	17.68	18.42	18.84	18.94	18.84	18.62	18.32	17.91	17.43	16.95	16.37	16.18	16.18
Juni	19.13	18.61	18.18	17.71	17.34	17.07	17.03	17.12	17.39	17.91	18.57	19.25	20.02	20.77	21.42	21.75	21.87	21.81	21.56	21.26	20.94	20.57	20.08	19.56	19.46	19.43
Juli	22.18	21.64	21.19	20.69	20.30	19.94	19.83	19.96	20.19	20.73	21.44	22.24	22.98	23.83	24.45	24.85	25.00	24.91	24.70	24.42	24.20	23.85	23.47	22.94	22.50	22.47
August	22.89	22.46	21.99	21.57	21.13	20.80	20.76	20.76	20.97	21.30	21.85	22.42	23.15	23.88	24.48	24.76	24.84	24.84	24.65	24.46	24.24	23.96	23.55	23.15	22.89	22.80
September	16.77	16.48	16.15	15.86	15.52	15.32	15.12	15.15	15.32	15.80	16.15	16.66	17.66	16.66	16.66	16.66	16.66
September	16.77	16.48	16.15	15.86	15.57	15.32	15.12	15.13	15.32	15.80	15.86	16.14	17.43	17.86	17.64	17.49	17.27	17.01	16.66	16.59
Oktober	8.54	8.39	8.23	8.07	7.95	7.83	7.70	7.62	7.64	7.76	8.04	8.45	8.88	9.32	9.60	9.72	9.66	9.58	9.46	9.35	9.10	8.91	8.73	8.57	8.63	8.63
November	4.01	3.93	3.84	3.77	3.70	3.65	3.60	3.55	3.55	3.76	3.97	4.22	4.51	4.62	4.67	4.69	4.64	4.52	4.44	4.34	4.22	4.12	4.02	4.08	4.10
Dezember	1.49	1.46	1.43	1.43	1.41	1.41	1.38	1.37	1.37	1.36	1.40	1.47	1.55	1.64	1.67	1.70	1.72	1.67	1.63	1.59	1.53	1.50	1.46	1.40	1.51	1.51
Jahr	10.31	10.03	9.78	9.53	9.32	9.15	9.08	9.09	9.20	9.44	9.78	10.24	10.70	11.22	11.64	11.82	11.90	11.83	11.69	11.51	11.32	11.09	10.86	10.56	10.46	10.46

[1] Die Terminmittel sind nach der Formel $(3\times 7^a + 2\times 2^p + 3\times 9^p) : 8$ gebildet.

Tabelle I. (Fortsetzung).

Jahrgang 1912.

Monat	1a	2a	3a	4a	5a	6a	7a	8a	9a	10a	11a	12a	1p	2p	3p	4p	5p	6p	7p	8p	9p	10p	11p	12p	Mittel 24stünd.	Termin-
Januar	−2,38	−2,43	−2,51	−2,55	−2,55	−2,67	−2,72	−2,74	−2,74	−2,71	−2,59	−2,51	−2,34	−2,18	−2,12	−2,09	−2,07	−2,06	−2,13	−2,18	−2,26	−2,31	−2,39	−2,45	−2,40	−2,41
Februar	0,18	0,09	0,00	−0,05	−0,11	−0,14	−0,17	−0,25	−0,29	−0,26	−0,16	0,03	0,32	0,63	0,82	0,93	0,93	0,88	0,80	0,73	0,54	0,40	0,29	0,19	0,26	0,28
März	5,52	5,07	3,86	4,90	4,72	4,56	4,42	4,40	4,46	4,63	5,10	5,62	6,61	7,01	7,21	7,25	7,25	7,02	6,78	6,51	6,27	5,99	5,75		5,77	5,75
April	8,64	8,22	7,90	7,53	7,18	6,97	6,82	6,88	7,02	7,37	7,87	8,63	9,20	9,99	10,26	10,87	11,06	10,99	10,80	10,58	10,20	9,92	9,53	9,12	8,91	8,88
Mai	13,88	13,46	13,10	12,73	12,42	12,21	12,17	12,23	12,41	12,81	13,28	13,85	14,35	15,11	15,68	16,06	16,24	16,24	16,13	15,91	15,62	15,25	14,86	14,39	14,18	14,20
Juni	18,35	17,92	17,52	17,18	16,79	16,55	16,46	16,59	16,91	17,33	18,00	18,58	19,22	19,92	20,37	20,68	20,79	20,78	20,64	20,41	20,15	19,84	19,47	19,01	18,73	18,71
Juli	22,03	21,47	21,01	20,51	20,14	19,84	19,69	19,88	20,18	20,68	21,28	21,98	22,74	23,64	24,14	24,52	24,67	24,65	24,54	24,34	24,11	23,76	23,21	22,70	22,32	22,34
August	16,89	16,60	16,33	16,07	15,85	15,65	15,56	15,58	15,70	15,91	16,39	16,84	17,11	17,85	18,17	18,38	18,47	18,42	18,30	18,07	17,85	17,56	17,24	16,93	17,00	16,99
September	11,04	10,79	10,57	10,33	10,11	9,90	9,79	9,80	9,98	10,70	11,19	11,54	11,64	12,16	12,53	12,53	12,56	12,43	12,11	11,58	11,36	11,18	11,11		11,18	11,14
Oktober	6,35	6,25	6,12	5,98	5,87	5,78	5,67	5,63	5,63	5,78	5,99	6,30	6,62	7,03	7,24	7,40	7,42	7,35	7,25	7,12	6,92	6,78	6,63	6,45	6,48	6,48
November	2,99	2,92	2,90	2,84	2,79	2,76	2,69	2,66	2,64	2,67	2,78	2,90	3,02	3,16	3,23	3,28	3,25	3,22	3,16	3,08	2,98	2,91	2,86	2,83	2,94	2,92
Dezember	2,05	2,05	2,04	2,04	2,03	2,03	2,02	2,02	1,97	1,99	2,05	2,14	2,23	2,25	2,29	2,28	2,27	2,24	2,22	2,18	2,16	2,14	2,15	2,13	2,12	2,13
Jahr	8,79	8,55	8,34	8,13	7,94	7,79	7,70	7,72	7,82	8,04	8,39	8,80	9,20	9,68	9,98	10,17	10,24	10,20	10,08	9,92	9,72	9,51	9,27	9,01	8,96	8,95

Jahrgang 1913.

Monat	1a	2a	3a	4a	5a	6a	7a	8a	9a	10a	11a	12a	1p	2p	3p	4p	5p	6p	7p	8p	9p	10p	11p	12p	Mittel 24stünd.	Termin-
Januar	0,22	0,20	0,20	0,19	0,18	0,17	0,12	0,12	0,12	0,12	0,13	0,18	0,19	0,17	0,17	0,17	0,15	0,12	0,13	0,11	0,10	0,08	0,07	0,04	0,14	0,13
Februar	0,39	0,33	0,26	0,17	0,06	−0,04	−0,17	−0,24	−0,28	−0,18	−0,13	0,10	0,29	0,52	0,68	0,75	0,78	0,80	0,80	0,81	0,75	0,70	0,62	0,54	0,35	0,35
März	4,24	4,03	3,86	3,69	3,54	3,44	3,33	3,28	3,34	3,57	3,87	4,24	4,65	5,14	5,56	5,83	5,91	5,88	5,75	5,61	5,42	5,24	5,00	4,79	4,55	4,57
April	8,97	8,63	8,29	7,97	7,69	7,52	7,44	7,45	7,64	7,94	8,30	8,97	9,54	10,33	10,88	11,24	11,41	11,36	11,16	10,98	10,70	10,35	10,00	9,63	9,35	9,26
Mai	15,50	15,01	14,58	14,18	13,79	13,58	13,55	13,66	13,86	14,27	14,84	15,50	16,10	16,90	17,42	17,78	17,89	17,88	17,72	17,49	17,21	16,84	16,45	16,02	15,75	15,76
Juni	18,46	18,02	17,61	17,18	16,89	16,66	16,62	16,73	16,99	17,43	17,89	18,47	19,04	19,85	20,41	20,74	20,86	20,82	20,57	20,28	19,96	19,59	19,18	18,71	18,71	18,68
Juli	17,97	17,57	17,21	16,90	16,60	16,39	16,31	16,41	16,61	16,97	17,63	18,20	18,82	19,50	20,03	20,43	20,57	20,52	20,33	20,11	19,77	19,35	18,98	18,55	18,41	18,40
August	18,03	17,68	17,34	17,04	16,76	16,58	16,47	16,44	16,61	16,86	17,27	17,80	18,34	19,11	19,54	19,84	19,97	19,95	19,79	19,65	19,39	19,13	18,82	18,47	18,20	18,22
September	14,82	14,56	14,30	14,09	13,85	13,67	13,55	13,44	13,57	13,78	14,26	14,88	15,49	15,98	16,55	16,76	16,81	16,66	16,42	16,18	15,87	15,58	15,22	14,97	15,06	15,03
Oktober	9,20	9,05	8,86	8,74	8,60	8,50	8,37	8,22	8,18	8,29	8,58	8,97	9,50	9,87	10,20	10,35	10,37	10,30	10,16	10,02	9,85	9,67	9,44	9,29	9,28	9,30
November	5,90	5,81	5,72	5,64	5,58	5,52	5,47	5,43	5,41	5,46	5,65	5,82	6,06	6,22	6,35	6,41	6,42	6,38	6,31	6,22	6,17	6,09	6,02	5,93	5,92	5,92
Dezember	2,78	2,76	2,75	2,73	2,69	2,65	2,63	2,63	2,62	2,64	2,68	2,74	2,81	2,85	2,89	2,88	2,87	2,83	2,80	2,77	2,72	2,67	2,64	2,59	2,74	2,72
Jahr	9,71	9,47	9,25	9,04	8,85	8,72	8,64	8,63	8,74	8,93	9,24	9,66	10,07	10,54	10,89	11,10	11,17	11,12	11,00	10,85	10,66	10,44	10,20	9,96	9,87	9,86

Tabelle I. (Fortsetzung).

Jahrgang 1914.

Monat	1ª	2ª	3ª	4ª	5ª	6ª	7ª	8ª	9ª	10ª	11ª	12ª	1ᵖ	2ᵖ	3ᵖ	4ᵖ	5ᵖ	6ᵖ	7ᵖ	8ᵖ	9ᵖ	10ᵖ	11ᵖ	12ᵖ	Mittel 24stünd.	Termin-
Januar	-2.09	-2.14	-2.18	-2.26	-2.31	-2.35	-2.42	-2.45	-2.48	-2.49	-2.44	-2.35	-2.22	-2.12	-2.07	-2.04	-2.05	-2.01	-2.04	-2.06	-2.09	-2.14	-2.19	-2.24	-2.22	-2.22
Februar	—	4.08	3.90	3.79	3.64	3.54	0.98	—	—	—	—	—	1.47	—	—	—	—	—	—	—	1.53	—	—	—	—	1.31
März	4.20	4.08	3.90	3.79	3.64	3.54	3.45	3.45	3.53	3.65	3.91	4.26	4.65	5.00	5.35	5.51	5.60	5.55	5.45	5.32	5.14	4.97	4.78	4.59	4.47	4.47
April	10.44	10.11	9.73	9.42	9.09	8.80	8.62	8.74	8.93	9.34	9.82	10.51	11.17	11.83	12.43	12.83	12.99	12.90	12.71	12.54	12.27	11.95	11.52	11.13	10.82	10.79
Mai	13.89	13.53	13.16	12.86	12.56	12.33	12.18	12.32	12.56	12.96	13.47	14.01	14.65	15.17	15.71	16.00	16.10	15.99	15.82	15.62	15.37	15.06	14.67	14.30	14.18	14.12
Juni	18.32	17.94	17.51	17.15	16.80	16.55	16.46	16.60	16.95	17.43	18.01	18.61	19.33	19.94	20.48	20.78	20.84	20.75	20.49	20.20	20.01	19.69	19.25	18.87	18.71	18.66
Juli	21.60	21.25	20.84	20.48	20.11	19.84	19.66	19.81	20.04	20.45	21.02	21.69	22.41	23.05	23.53	23.81	23.86	23.64	23.55	23.34	23.00	22.75	22.36	21.93	21.85	21.79
August	21.78	21.36	19.96	19.59	19.21	18.90	18.71	18.84	19.14	19.61	20.19	20.92	21.64	22.36	22.95	23.33	23.47	23.32	23.05	22.85	22.55	22.23	21.78	21.35	21.13	21.06
September	15.24	14.98	14.68	14.41	14.13	13.91	13.76	13.82	14.01	14.32	14.76	15.37	15.92	16.44	16.83	17.01	17.03	16.82	16.57	16.30	16.02	15.91	15.55	15.29	15.39	15.32
Oktober	9.00	8.90	8.78	8.68	8.61	8.52	8.45	8.42	8.45	8.56	8.76	9.01	9.28	9.50	9.67	9.74	9.69	9.61	9.51	9.38	9.27	9.17	9.06	8.96	9.04	9.02
November	3.89	3.86	3.81	3.78	3.75	3.70	3.67	3.65	3.66	3.68	3.77	3.88	4.06	4.06	4.13	4.15	4.14	4.09	4.05	4.00	3.95	3.91	3.88	3.84	3.89	3.87
Dezember	2.70	2.65	2.58	2.55	2.51	2.47	2.45	2.41	2.40	2.44	2.51	2.62	2.74	2.80	2.88	2.93	2.93	2.93	2.88	2.86	2.81	2.75	2.69	2.63	2.68	2.67
Jahr	—	—	—	—	—	—	8.83	—	—	—	—	—	10.79	—	—	—	—	—	—	—	10.84	—	—	—	—	10.07

Jahrgang 1915.

Monat	1ª	2ª	3ª	4ª	5ª	6ª	7ª	8ª	9ª	10ª	11ª	12ª	1ᵖ	2ᵖ	3ᵖ	4ᵖ	5ᵖ	6ᵖ	7ᵖ	8ᵖ	9ᵖ	10ᵖ	11ᵖ	12ᵖ	Mittel 24stünd.	Termin-
Januar	0.58	0.55	0.52	0.49	0.47	0.47	0.45	0.44	0.48	0.51	0.56	0.64	0.70	0.74	0.75	0.75	0.72	0.68	0.64	0.61	0.59	0.56	0.54	0.52	0.58	0.58
Februar	-0.12	-0.17	-0.23	-0.27	-0.34	-0.40	-0.44	-0.45	-0.44	-0.40	-0.36	-0.22	-0.09	0.07	0.21	0.30	0.36	0.33	0.29	0.25	0.17	0.13	0.09	0.02	-0.07	-0.08
März	1.89	1.78	1.67	1.57	1.47	1.38	1.32	1.33	1.43	1.54	1.66	1.93	2.22	2.52	2.73	2.87	2.91	2.85	2.73	2.62	2.48	2.35	2.19	2.07	2.06	2.05
April	7.60	7.35	7.00	6.74	6.46	6.24	6.07	6.14	6.39	6.75	7.28	7.93	8.63	9.81	9.81	10.14	10.26	10.16	9.92	9.70	9.39	9.06	8.69	8.39	8.13	8.12
Mai	16.29	15.80	15.27	14.80	14.36	14.05	13.88	14.06	14.42	14.99	15.57	16.36	17.24	18.08	18.78	19.20	19.38	19.25	19.03	18.86	18.50	18.03	17.50	16.97	16.69	16.66
Juni	21.78	21.36	20.86	20.42	20.04	19.73	19.57	19.69	19.86	20.12	20.53	20.99	21.56	22.17	22.61	22.98	23.30	23.33	23.25	23.37	23.26	22.99	22.66	22.28	21.61	21.60
Juli	20.53	20.17	19.73	19.38	19.04	18.79	18.65	18.70	18.93	19.25	19.73	20.26	20.95	21.51	22.13	22.43	22.56	22.52	22.36	22.20	21.94	21.64	21.21	20.80	20.65	20.61
August	18.61	18.33	17.98	17.70	17.42	17.19	17.07	17.11	17.29	17.57	18.02	18.52	19.09	19.66	20.17	20.48	20.58	20.52	20.35	20.16	19.88	19.61	19.24	18.89	18.81	18.77
September	13.61	13.38	13.17	12.86	12.60	12.39	12.23	12.11	12.39	12.66	13.08	13.66	14.21	14.78	15.22	15.43	15.45	15.33	15.13	14.93	14.64	14.40	14.07	13.79	13.82	13.77
Oktober	7.75	7.64	7.51	7.42	7.31	7.23	7.15	7.13	7.15	7.41	7.39	7.57	7.79	8.02	8.15	8.19	8.19	8.15	8.09	8.01	7.92	7.85	7.78	7.73	7.68	7.66
November	2.68	2.61	2.51	2.44	2.38	2.30	2.24	2.23	2.26	2.37	2.49	2.64	2.82	2.96	3.08	3.13	3.13	3.07	3.02	2.98	2.91	2.84	2.78	2.69	2.69	2.67
Dezember	1.57	1.56	1.57	1.55	1.55	1.55	1.55	1.56	1.55	1.57	1.60	1.70	1.77	1.79	1.82	1.82	1.79	1.77	1.72	1.67	1.67	1.64	1.61	1.59	1.65	1.66
Jahr	9.40	9.20	8.96	8.76	8.56	8.41	8.31	8.35	8.48	8.68	8.96	9.39	9.74	10.13	10.46	10.64	10.72	10.66	10.54	10.44	10.28	10.09	9.86	9.64	9.52	9.50

Tabelle I. (Schluß).
Jahrgang 1916.

Monat	1ᵃ	2ᵃ	3ᵃ	4ᵃ	5ᵃ	6ᵃ	7ᵃ	8ᵃ	9ᵃ	10ᵃ	11ᵃ	12ᵃ	1ᵖ	2ᵖ	3ᵖ	4ᵖ	5ᵖ	6ᵖ	7ᵖ	8ᵖ	9ᵖ	10ᵖ	11ᵖ	12ᵖ	Mittel 24stünd.	Termin-
Januar	2,57	2,51	2,51	2,49	2,48	2,45	2,44	2,44	2,44	2,45	2,46	2,54	2,63	2,72	2,79	2,83	2,83	2,82	2,78	2,74	2,70	2,66	2,60	2,54	2,60	2,61
Februar	0,14	0,11	0,08	0,04	0,01	-0,03	-0,06	-0,08	-0,07	-0,03	0,01	0,09	0,13	0,21	0,21	0,21	0,21	0,23	0,23	0,25	0,23	0,21	0,20	0,16	0,11	0,12
März	3,40	3,28	3,16	3,05	2,94	2,84	2,77	2,77	2,82	2,94	3,14	3,48	3,72	4,07	4,35	4,51	4,59	4,57	4,49	4,37	4,22	4,09	3,94	3,79	3,63	3,64
April	9,53	9,21	8,81	8,48	8,17	7,88	7,71	7,79	7,99	8,47	8,97	9,64	10,32	11,06	11,59	12,00	12,22	12,11	12,11	11,68	11,37	11,05	10,52	10,25	9,94	9,92
Mai	15,18	14,75	14,29	13,91	13,53	13,25	13,13	13,32	13,65	14,18	14,80	15,61	16,36	17,17	17,62	18,00	18,06	17,98	17,72	17,06	16,64	16,13	15,66	15,64	15,60
Juni	16,46	16,11	15,71	15,37	15,16	14,83	14,72	14,85	15,16	15,64	16,16	16,80	17,46	18,16	18,66	18,99	19,09	19,04	18,84	18,61	18,28	17,91	17,46	17,01	16,93	16,92
Juli	19,03	18,70	18,30	17,95	17,65	17,42	17,34	17,44	17,74	18,11	18,63	19,21	19,80	20,39	20,85	21,18	21,32	21,11	21,12	20,62	19,94	19,63	19,89	19,52	19,36	19,33
August	18,68	18,36	17,97	17,65	17,39	17,13	17,03	17,16	17,41	17,75	18,19	18,77	19,37	19,92	20,35	20,62	20,70	20,61	20,42	20,20	19,94	19,63	19,23	18,85	18,89	18,84
September	14,17	13,88	13,54	13,27	12,99	12,78	12,63	12,70	12,98	13,24	13,67	14,26	14,81	15,53	15,91	15,96	15,58	15,67	15,91	15,70	15,41	15,06	14,72	14,38	14,43	14,40
Oktober	8,50	8,37	8,21	8,09	7,97	7,86	7,79	7,79	7,87	8,08	8,35	8,65	9,00	9,34	9,60	9,60	9,58	9,48	9,36	9,19	9,05	8,89	8,73	8,55	8,66	8,65
November	4,41	4,37	4,27	4,20	4,12	4,05	4,03	3,99	4,02	4,10	4,26	4,44	4,62	4,75	4,80	4,82	4,81	4,78	4,69	4,62	4,54	4,44	4,36	4,29	4,41	4,40
Dezember	1,53	1,52	1,52	1,51	1,51	1,50	1,50	1,49	1,51	1,52	1,53	1,58	1,61	1,63	1,65	1,66	1,67	1,67	1,70	1,69	1,68	1,68	1,67	1,66	1,59	1,60
Jahr	9,47	9,26	9,03	8,83	8,65	8,50	8,42	8,47	8,62	8,87	9,18	9,60	10,00	10,41	10,70	10,88	10,94	10,89	10,76	10,64	10,42	10,21	9,95	9,72	9,68	9,67

Mittelwerte: 1910—1916.

Monat	1ᵃ	2ᵃ	3ᵃ	4ᵃ	5ᵃ	6ᵃ	7ᵃ	8ᵃ	9ᵃ	10ᵃ	11ᵃ	12ᵃ	1ᵖ	2ᵖ	3ᵖ	4ᵖ	5ᵖ	6ᵖ	7ᵖ	8ᵖ	9ᵖ	10ᵖ	11ᵖ	12ᵖ	Mittel 24stünd.	Termin-
Januar	0,05	-0,01	-0,01	-0,04	-0,06	-0,08	-0,12	-0,14	-0,13	-0,11	-0,08	-0,01	0,07	0,13	0,16	0,18	0,17	0,17	0,14	0,12	0,09	0,06	0,02	-0,02	0,02	0,02
Februar	0,42	0,37	0,31	0,25	0,19	0,13	0,07	0,04	0,02	0,06	0,13	0,29	0,44	0,65	0,78	0,84	0,87	0,87	0,84	0,80	0,73	0,66	0,60	0,52	0,45	0,46
März	3,78	3,61	3,44	3,29	3,16	3,04	2,95	2,93	3,00	3,15	3,37	3,75	4,13	4,59	4,95	5,16	5,23	5,20	5,07	4,91	4,72	4,53	4,31	4,11	4,01	4,02
April	8,93	8,60	8,26	7,94	7,64	7,41	7,28	7,34	7,52	7,87	8,30	8,96	9,59	10,30	10,86	11,21	11,39	11,32	11,22	10,91	10,61	10,28	9,89	9,54	9,29	9,28
Mai	15,03	14,57	14,13	13,73	13,37	13,12	13,00	13,17	13,44	13,92	14,51	15,21	15,88	16,63	17,22	17,59	17,72	17,65	17,45	17,22	16,91	16,52	16,08	15,61	15,40	15,38
Juni	19,03	18,60	18,15	17,75	17,39	17,13	17,05	17,17	17,44	17,86	18,42	19,03	19,71	20,42	20,97	21,29	21,42	21,39	21,19	20,98	20,73	20,39	19,97	19,53	19,29	19,27
Juli	20,21	19,80	19,38	19,00	18,66	18,41	18,29	18,39	18,63	19,04	19,61	20,24	20,93	21,63	22,17	22,52	22,66	22,61	22,43	22,21	21,94	21,60	21,18	20,74	20,51	20,49
August	19,17	18,83	18,45	18,13	17,82	17,57	17,45	17,51	17,71	18,02	18,51	19,09	19,67	20,30	20,80	21,07	21,22	21,14	20,95	20,76	20,49	20,20	19,82	19,45	19,34	19,31
September	14,23	13,96	13,68	13,42	13,17	12,96	12,81	12,81	12,98	13,24	13,67	14,26	14,81	15,16	15,78	15,96	16,00	15,86	15,68	15,47	15,20	14,93	14,62	14,34	14,39	14,34
Oktober	8,38	8,24	8,09	7,96	7,84	7,74	7,64	7,58	7,59	7,72	7,96	8,30	8,66	9,03	9,25	9,36	9,35	9,28	9,17	9,03	8,88	8,71	8,54	8,38	8,45	8,45
November	3,73	3,67	3,60	3,54	3,48	3,43	3,38	3,35	3,35	3,40	3,53	3,68	3,85	4,00	4,08	4,12	4,12	4,08	4,02	3,95	3,88	3,80	3,73	3,66	3,71	3,72
Dezember	1,95	1,93	1,91	1,89	1,87	1,86	1,84	1,84	1,83	1,84	1,88	1,96	2,04	2,09	2,14	2,14	2,14	2,12	2,09	2,06	2,03	2,00	1,97	1,93	1,97	1,97
Jahr	9,58	9,35	9,12	8,90	8,71	8,56	8,47	8,50	8,62	8,83	9,15	9,56	9,98	10,43	10,76	10,96	11,02	10,97	10,84	10,70	10,54	10,31	10,06	9,82	9,74	9,73

Tabelle II.
1) Täglicher Gang der Bodentemperatur in 20 cm Tiefe. Potsdam 1910—1916.
(Abweichungen vom Tagesmittel).

	Januar	Febr.	März	April	Mai	Juni	Juli	August	Sept.	Okt.	Nov.	Dez.	Jahr
1a	-0.02	-0.01	-0.20	-0.24	-0.34	-0.24	-0.27	-0.19	-0.24	-0.14	-0.06	-0.03	-0.17
2a	-0.05	-0.07	-0.35	-0.59	-0.83	-0.69	-0.71	-0.52	-0.51	-0.27	-0.11	-0.04	-0.40
3a	-0.07	-0.13	-0.52	-0.94	-1.26	-1.13	-1.12	-0.87	-0.78	-0.41	-0.18	-0.06	-0.63
4a	-0.09	-0.19	-0.68	-1.27	-1.66	-1.53	-1.50	-1.21	-1.03	-0.54	-0.23	-0.08	-0.84
5a	-0.11	-0.25	-0.81	-1.56	-2.00	-1.87	-1.83	-1.50	-1.26	-0.65	-0.29	-0.10	-1.02
6a	-0.14	-0.31	-0.93	-1.79	-2.24	-2.11	-2.07	-1.74	-1.46	-0.74	-0.33	-0.11	-1.17
7a	-0.16	-0.37	-1.01	-1.91*	-2.31*	-2.19*	-2.16*	-1.84*	-1.58	-0.83	-0.37	-0.13	-1.24*
8a	-0.18*	-0.41	-1.03*	-1.88	-2.20	-2.08	-2.08	-1.79	-1.67*	-0.87*	-0.39*	-0.14*	-1.23
9a	-0.16	-0.43*	-0.97	-1.70	-1.91	-1.81	-1.84	-1.60	-1.46	-0.85	-0.38	-0.14*	-1.11
10a	-0.14	-0.38	-0.83	-1.38	-1.45	-1.39	-1.43	-1.27	-1.12	-0.71	-0.32	-0.12	-0.88
11a	-0.10	-0.30	-0.59	-0.92	-0.86	-0.86	-0.88	-0.81	-0.68	-0.47	-0.20	-0.08	-0.57
12a	-0.04	-0.16	-0.26	-0.34	-0.20	-0.24	-0.25	-0.26	-0.13	-0.14	-0.04	-0.01	-0.18
1p	0.05	0.01	0.14	0.31	0.50	0.43	0.42	0.35	0.43	0.22	0.13	0.06	0.25
2p	0.11	0.18	0.45	0.95	1.19	1.09	1.08	0.95	0.96	0.56	0.27	0.12	0.66
3p	0.15	0.31	0.89	1.49	1.76	1.62	1.61	1.42	1.36	0.79	0.36	0.16	0.99
4p	**0.17**	0.38	1.10	1.87	2.13	1.95	1.96	1.71	1.57	0.91	**0.41**	**0.17**	1.19
5p	**0.17**	**0.41**	**1.17**	**1.99**	**2.27**	2.06	**2.10**	**1.83**	**1.61**	**0.92**	**0.41**	**0.17**	**1.26**
6p	0.16	**0.41**	1.14	1.94	2.22	**2.06**	2.07	1.77	1.51	0.86	0.39	0.15	1.22
7p	0.15	0.38	1.03	1.76	2.04	1.90	1.91	1.61	1.34	0.76	0.34	0.12	1.11
8p	0.13	0.33	0.86	1.52	1.80	1.68	1.69	1.40	1.13	0.63	0.27	0.09	0.96
9p	0.11	0.27	0.67	1.22	1.49	1.42	1.41	1.15	0.89	0.47	0.21	0.06	0.78
10p	0.08	0.20	0.47	0.87	1.10	1.08	1.07	0.84	0.62	0.33	0.13	0.03	0.56
11p	0.05	0.13	0.21	0.50	0.67	0.68	0.67	0.48	0.34	0.17	0.07	0.00	0.33
12p	0.01	0.06	0.04	0.13	0.18	0.22	0.21	0.08	0.05	0.01	0.00	-0.03	0.08
Mittel	0.02	0.45	4.01	9.30	15.40	19.29	20.51	19.34	14.38	8.44	3.72	1.97	9.74

Täglicher Gang der Bodentemperatur in 10 cm Tiefe. Potsdam.
März 1914 — Februar 1915.

	Januar	Febr.	März	April	Mai	Juni	Juli	August	Sept.	Okt.	Nov.	Dez.	Jahr
1a	-0.21	-0.23	-0.88	-1.54	-1.38	-1.58	-1.49	-1.54	-1.26	-0.52	-0.18	-0.24	-0.92
2a	-0.27	-0.30	-1.07	-1.96	-1.79	-2.06	-1.98	-2.02	-1.56	-0.62	-0.22	-0.29	-1.18
3a	-0.30	-0.38	-1.22	-2.37	-2.19	-2.53	-2.44	-2.52	-1.86	-0.74	-0.26	-0.35	-1.43
4a	-0.32*	-0.47	-1.37	-2.77	-2.59	-3.00	-2.85	-3.02	-2.14	-0.84	-0.33	-0.40	-1.68
5a	-0.32*	-0.57	-1.49	-3.14	-2.88	-3.32	-3.18	-3.45	-2.41	-0.92	-0.34	-0.42	-1.87
6a	-0.31	-0.64	-1.60	-3.38*	-3.04*	-3.43*	-3.35*	-3.74*	-2.62	-0.99	-0.39	-0.43	-1.91
7a	-0.30	-0.67*	-1.65*	-3.36	-2.90	-3.17	-3.19	-3.70	-2.66*	-1.02*	-0.43*	-0.44	-1.96*
8a	-0.25	-0.67*	-1.57	-2.85	-2.35	-2.44	-2.48	-3.08	-2.35	-0.96	-0.43*	-0.46*	-1.66
9a	-0.17	-0.60	-1.25	-1.88	-1.48	-1.33	-1.51	-1.96	-1.58	-0.73	-0.36	-0.42	-1.11
10a	-0.08	-0.47	-0.66	-0.71	-0.49	-0.17	-0.37	-0.62	-0.49	-0.32	-0.19	-0.30	-0.41
11a	0.03	-0.23	0.11	0.50	0.58	0.90	0.81	0.80	0.67	0.19	0.06	-0.07	0.36
12a	0.20	0.12	0.86	1.66	1.60	1.88	1.94	2.16	1.73	0.71	0.34	0.23	1.12
1p	0.39	0.54	1.52	2.64	2.47	2.81	2.89	3.24	2.59	1.14	0.54	0.49	1.77
2p	**0.51**	0.91	2.04	3.42	3.06	3.54	3.52	3.93	3.18	1.40	**0.62**	0.63	2.24
3p	**0.51**	**1.10**	**2.30**	**3.82**	**3.41**	**3.78**	**3.69**	**4.15**	**3.34**	**1.43**	0.59	**0.66**	**2.40**
4p	0.45	1.03	2.22	3.71	3.27	3.48	3.38	3.93	3.00	1.26	0.49	0.62	2.24
5p	0.35	0.82	1.87	3.21	2.82	2.95	2.81	3.27	2.34	0.96	0.34	0.51	1.85
6p	0.23	0.56	1.40	2.54	2.25	2.35	2.24	2.51	1.63	0.65	0.21	0.39	1.41
7p	0.12	0.34	0.94	1.84	1.64	1.68	1.58	1.75	1.04	0.39	0.11	0.28	0.98
8p	0.03	0.19	0.46	1.23	1.05	1.10	1.05	1.11	0.59	0.18	0.04	0.16	0.60
9p	-0.03	0.05	0.04	0.67	0.48	0.55	0.55	0.56	0.20	0.00	-0.02	0.06	0.26
10p	-0.07	-0.05	-0.19	0.12	0.00	-0.04	0.03	0.01	-0.18	-0.15	-0.06	-0.03	-0.05
11p	-0.10	-0.11	-0.40	-0.42	-0.49	-0.62	-0.49	-0.55	-0.56	-0.28	-0.10	-0.11	-0.35
12p	-0.15	-0.16	-0.66	-1.01	-0.96	-1.12	-0.99	-1.07	-0.92	-0.40	-0.14	-0.18	-0.65
Mittel	0.34	-0.03	4.67	11.10	14.20	18.90	21.76	21.05	15.02	8.88	3.58	2.60	10.17

Tabelle III.
Höhe und Eintrittszeiten der mittleren Temperaturextreme.
1) 20 cm Tiefe. (1910—1916)

		Jan.	Febr.	März	April	Mai	Juni	Juli	Aug.	Sept.	Okt.	Nov.	Dez.	Jahr
Höhe	Min.	-0.16	0.02	2.98	7.38	13.08	17.09	18.34	17.49	12.70	7.57	3.33	1.83	8.50
	Maxim.	0.17	0.85	5.18	11.29	17.68	21.37	22.62	21.21	16.00	9.37	4.13	2.14	11.01
	Amplitude	0.33	0.83	2.20	3.91	4.60	4.28	4.28	3.72	3.30	1.80	0.80	0.31	2.51
Eintrittszeit	Min.	8ª.1	8.8	7.7	7.3	6.9	6.9	7.0	7.2	7.8	8.2	8.2	8.2	7ª.4
	I. Medium	0ᵖ.5	0.8	0.7	0.5	0.3	0.4	0.4	0.4	0.4	0.4	0.2	0.2	0ᵖ.4
	Maxim.	5ᵖ.5	5.5	5.2	5.2	5.2	5.5	5.3	5.2	4.8	4.6	4.7	4.3	5ᵖ.1
	II. Medium	11ᵖ.5	1ª.0	0ª.2	0.3	0.3	0.5	0.5	0.3	0.2	0.1	0.0	11ᵖ.0	0ª.3
Zeitdiff.	Min. bis Max.	9.4	8.7	9.5	9.9	10.3	10.6	10.3	10.0	9.0	8.4	8.5	8.1	9.7
	I. bis II. Med.	11.0	12.2	11.5	11.8	12.0	12.1	12.1	11.9	12.0	11.7	11.8	10.8	11.9

2) 10 cm Tiefe. (März 1914—Februar 1915)

		Jan.	Febr.	März	April	Mai	Juni	Juli	Aug.	Sept.	Okt.	Nov.	Dez.	Jahr
Höhe	Min.	-0.01	-0.73	3.02	7.86	11.26	15.50	18.59	17.45	12.36	7.85	3.15	2.10	8.18
	Maxim.	0.83	1.13	7.02	15.18	17.75	22.76	25.67	25.37	18.43	10.33	4.21	3.23	12.57
	Aper. Ampl.	0.84	1.86	4.00	7.32	6.49	7.26	7.08	7.92	6.07	2.48	1.06	1.13	4.39
Eintrittszeit	Min.	4ª.6	7.4	6.9	6.4	6ª.1	5.8	6.0	6.4	6.6	6.7	7.6	7.8	6ª.6
	I. Medium	10ª.7	11.7	10.9	10.6	10.5	10.2	10.3	10.4	10.4	10.7	10.8	11.2	10ª.6
	Maxim.	2ᵖ.7	3.6	3.2	3.4	3.2	2.9	2.9	3.0	2.7	2.7	1.8	2.9	3ᵖ.0
	II. Medium	8ᵖ.5	9.5	9.2	10.2	10.0	9.9	10.0	10.0	9.5	9.0	8.6	9.7	9ᵖ.8
Zeitdiff.	Min. bis Max.	10.1	8.2	8.3	9.0	9.1	9.1	8.9	8.6	8.1	8.0	6.2	7.1	8.4
	I. bis II. Med.	9.8	9.8	10.3	11.6	11.5	11.7	11.7	11.6	11.1	10.3	9.8	10.5	11.2

3) Luft, 2 m Höhe. (1910—1916)

	Jan.	Febr.	März	April	Mai	Juni	Juli	Aug.	Sept.	Okt.	Nov.	Dez.	Jahr
Min.	-1.20	-0.63	1.57	3.98	7.95	11.45	13.30	12.81	9.10	5.60	2.35	1.83	5.73
Maxim.	1.03	3.71	7.57	12.72	17.48	20.26	21.70	20.63	16.66	10.77	5.42	3.77	11.78
Diff.	2.23	4.34	6.00	8.74	9.53	8.81	8.40	7.82	7.56	5.17	3.07	1.94	6.05
Min.	6ª.7	6.4	5.7	4.5	4.1	3.9	4.0	4.6	5.3	5.9	5.7	5ª.5	4ª.5
I. Medium	9ª.9	9.8	9.3	8.6	8.2	8.2	8.4	8.6	8.8	8.8	9.4	9.9	8ª.9
Maxim.	1ᵖ.4	2.4	2.7	2.9	2.6	2.8	2.7	2.5	2.1	2.0	1.6	1.6	2ᵖ.3
II. Medium	7ᵖ.5	8.7	8.1	8.1	7.9	8.1	8.2	7.8	7.5	7.9	7.8	8.3	8ᵖ.0
Min. bis Max.	6.7	8.0	9.0	10.4	10.5	10.9	10.7	9.9	8.8	8.1	7.9	8.1	9.8
I. bis II. Med.	9.6	10.9	10.8	11.5	11.7	11.9	11.8	11.2	10.7	11.1	10.4	10.4	11.1

Tabelle IV.
Täglicher Gang der Bodentemperatur in 20 cm Tiefe bei verschiedenen Witterungszuständen. Potsdam 1910—1916.

	Gesamtmittel				Nasse Perioden				Klare Tage				Dürreperioden		Frostperioden	Klarer Frost
	Winter	Frühj.	Sommer	Herbst	Winter	Frühj.	Sommer	Herbst	Winter	Frühj.	Sommer	Herbst	bei Frost	warme Jahresz.		
1a	-0.02	-0.26	-0.23	-0.15	-0.07	-0.19	-0.25	-0.11	0.00	-0.35	-0.17	-0.21	0.14	-0.14	0.04	+0.18
2a	-0.05	-0.59	-0.64	-0.30	-0.11	-0.39	-0.56	-0.23	-0.06	-0.82	-0.73	-0.55	0.03	-0.56	-0.04	0.04
3a	-0.09	-0.91	-1.04	-0.46	-0.13	-0.59	-0.88	-0.36	-0.10	-1.27	-1.28	-0.88	-0.10	-0.97	-0.12	-0.11
4a	-0.12	-1.20	-1.41	-0.60	-0.16	-0.78	-1.19	-0.48	-0.16	-1.70	-1.84	-1.22	-0.21	-1.35	-0.18	-0.27
5a	-0.15	-1.46	-1.73	-0.73	-0.18	-0.95	-1.45	-0.59	-0.24	-2.10	-2.33	-1.53	-0.37	-1.71	-0.29	-0.44
6a	-0.19	-1.65	-1.97	-0.84	-0.20	-1.09	-1.63	-0.70	-0.30	-2.41	-2.70	-1.81	-0.57	-2.00	-0.36	-0.63
7a	-0.22	-1.74*	-2.06*	-0.93*	-0.22	-1.17*	-1.70*	-0.77	-0.36	-2.54*	-2.86*	-2.01	-0.70	-2.13*	-0.41	-0.77
8a	-0.24*	-1.70	-1.98	-0.98*	-0.23*	-1.16	-1.63	-0.78*	-0.41	-2.47	-2.77	-2.07*	-0.78*	-2.08	-0.44*	-0.85
9a	-0.24*	-1.53	-1.75	-0.90	-0.22	-1.07	-1.45	-0.72	-0.46*	-2.20	-1.93	-1.93	-0.77	-1.87	-0.43	-0.86*
10a	-0.21	-1.22	-1.16	-0.72	-0.18	-0.88	-1.12	-0.57	-0.44	-1.79	-1.93	-1.65	-0.68	-1.52	-0.36	-0.78
11a	-0.16	-0.79	-0.85	-0.45	-0.12	-0.58	-0.68	-0.33	-0.31	-1.17	-1.24	-1.17	-0.53	-1.02	-0.25	-0.58
12a	-0.07	-0.27	-0.25	-0.11	-0.04	-0.19	-0.17	-0.05	-0.10	-0.48	-0.40	-0.55	-0.29	-0.40	-0.11	-0.30
1p	0.04	0.32	0.40	0.26	0.07	0.23	0.37	0.23	0.09	0.37	0.46	0.37	0.00	0.30	0.04	0.00
2p	0.14	0.86	1.04	0.60	0.17	0.65	0.90	0.50	0.20	1.25	1.35	1.15	0.25	1.00	0.18	0.26
3p	0.21	1.38	1.55	0.84	0.25	1.01	1.33	0.69	0.25	2.00	2.07	1.73	0.41	1.55	0.26	0.40
4p	0.24	1.70	1.87	0.96	0.29	1.23	1.58	0.77	0.29	2.50	2.53	2.01	0.49	1.90	0.29	0.49
5p	0.25	1.81	2.00	1.01	0.29	1.30	1.68	0.80	0.32	2.68	2.71	2.05	0.53	2.04	0.32	0.58
6p	0.24	1.77	1.97	0.93	0.26	1.25	1.65	0.75	0.34	2.57	2.60	1.92	0.55	1.99	0.34	0.64
7p	0.22	1.61	1.81	0.81	0.22	1.11	1.51	0.66	0.34	2.31	2.37	1.73	0.54	1.83	0.35	0.65
8p	0.18	1.39	1.59	0.68	0.17	0.91	1.11	0.55	0.31	2.01	2.12	1.49	0.51	1.64	0.33	0.62
9p	0.15	1.13	1.33	0.52	0.13	0.70	1.05	0.41	0.26	1.64	1.83	1.19	0.45	1.39	0.29	0.56
10p	0.10	0.81	1.00	0.36	0.08	0.47	0.76	0.28	0.20	1.17	1.45	0.85	0.37	1.07	0.24	0.48
11p	0.06	0.46	0.61	0.19	0.03	0.24	0.42	0.15	0.14	0.65	0.95	0.50	0.29	0.68	0.18	0.39
12p	-0.01	0.12	0.17	0.02	-0.02	0.01	0.08	0.01	0.07	0.15	0.40	0.13	0.22	0.27	0.11	0.29
Mittel	0.81	9.57	19.71	8.83	2.13	5.96	17.67	8.41	-1.39	11.15	22.07	12.41	-4.57	17.04	-2.53	-4.38

Tabelle V.
Messungen von Dichte, Wassergehalt und Wärmekapazität des Bodens.

Datum	Dichte				Wassergehalt (g/cm³)				Wärmekapazität (cal./cm³)			
	0–5 cm	5–15 cm	15–25 cm	25–35 cm	0–5 cm	5–15 cm	15–25 cm	25–35 cm	0–5 cm	5–15 cm	15–25 cm	25–35 cm
20. IV. 1907	1.699	1.658	1.682	1.613	0.039	0.058	0.032	0.033	0.371	0.378	0.362	0.349
30. IV.	574	673	673	617	034	063	028	037	342	371	357	353
17. V.	630	681	722	594	020	041	027	034	342	369	366	346
30. V.	705	693	714	629	035	058	028	049	369	385	368	365
10. VI.	724	709	711	643	044	079	036	043	380	405	371	363
20. VI.	569	—	610	609	029	—	055	049	337	—	366	361
10. VII.	726	721	716	649	046	091	041	046	382	417	376	366
31. VII.	659	739	729	595	089	169	053	040	403	483	365	351
10. VIII.	593	658	694	644	043	098	039	044	353	410	370	364
20. VIII.	558	751	684	644	058	151	054	039	358	471	380	360
30. VIII.	573	709	696	633	053	079	041	048	357	405	372	365
10. IX.	710	719	649	640	050	139	049	060	382	455	369	376
20. IX.	580	769	703	654	040	159	043	049	348	481	375	370
30. IX.	721	679	713	668	031	069	023*	028	369	391	361	356
10. X.	650	709	681	624	060	124	041	039	378	441	369	356
21. X.	632	699	700	640	032	114	035	040	352	431	368	360
31. X.	—	705	658	646	—	099	033	056	—	412	358	374
12. XI.	693	704	658	617	043	079	033	037	373	404	358	353
10. XII.	—	812	736	615	107	187	086	060	—	372	**506**	**406**
20. XII.	695	**838**	757	**740**	**115**	**223**	**097**	**105**	**415**	**516**	386	393
30. I. 1908	—	622	811	675	—	047	**176**	095	409	502	413	376
21. II.	594	778	689	636	099	193	054	066	398	510	381	380
12. III.	564	693	738	631	064	140	048	051	364	451	386	367
21. III.	553	785	735	671	053	153	050	051	383	480	387	375
1. IV.	674	751	717	674	054	126	037	054	378	451	373	378
10. IV.	624	761	731	667	048	121	046	057	374	449	383	379
21. IV.	589	731	727	637	049	096	047	047	357	423	383	365
30. IV.	541	711	747	680	041	071	047	040	341	399	387	368
10. V.	592	761	**816**	707	062	101	136	072	368	432	472	399
20. V.	601	776	798	687	041	106	058	052	353	440	406	379
30. V.	601	762	745	670	041	102	070	040	353	437	405	366
10. VI.	654	706	627	624	044	076	042	044	366	402	359	360
20. VI.	602	661	581*	565*	012	061	026	005*	330	381	350*	345*
30. VI.	568	643	675	672	004*	063	035	032	352	379	383	360
10. VII.	639	800	757	699	099	155	067	069	407	484	405	395
20. VII.	698	742	812	706	088	142	097	076	396	473	422	402
30. VII.	594	612	765	670	014	057	065	040	334	477	408	366
10. VIII.	694	798	768	683	084	138	058	038	400	469	398	364
20. VIII.	605	734	694	682	015	069	054	037	337	401	392	366
31. VIII.	641	678	682	601	066	108	094	041	384	441	422	370
21. IX.	424*	670	729	629	004	045	059	034	288*	370	393	353
10. X.	652	732	755	668	032	157	045	048	356	472	387	372
21. X.	681	630	640	675	061	040*	030	025	385	358	352	355
31. X.	657	630	723	651	022	040*	068	021	349	358	398	347
12. III. 1912	511	641	699	634	026	041	054	049	323	361	383	366
13. III.	454	577*	615	635	029	047	055	060	314	353*	367	375
21. III.	627	641	636?	590	067	136	041?	052	379	437	360	354
21. III.	568	640	745	624	048	080	115	074	352	392	441	384
22. III. 10ª	608	627	645	597	058	117	040	047	362	419	361	357
22. III. 1ᵖ	623	683	708	607	048	108	043	047	363	423	392	359
22. III. 4ᵖ	545	623	736	613	040	118	106	053	341	419	432	365
22. III. 9ᵖ	601	625	650	613	046	085	085	053	357	393	398	365
19. IV.	605	624	638	600	030	099	048	045	345	404	366	356
14. V.	605	606	645	621	060	101	040	046	369	402	361	361
6. VIII.	694	644	687	636	029	074	102	076	342	388	419	388

Tabelle VI.
Täglicher Gang der Differenz: Luft (2 m Höhe) — Bodentemperatur (20 cm Tiefe). Potsdam 1910—1916.

	Jan.	Febr.	März	April	Mai	Juni	Juli	Aug.	Sept.	Okt.	Nov.	Dez.	Jahr
1a	—1.03	—0.45	—1.49	—3.72	—5.91	—6.46	—6.01*	—5.36	—4.00	—1.93	—0.91	+0.04	—3.10
2a	—1.02	—0.57	—1.59	—3.85	—5.93*	—6.52*	—5.99	—5.38*	—4.01	—1.97	—0.98	—0.01	—3.15
3a	—1.06	—0.64	—1.61*	—3.89*	—5.91	—6.49	—5.90	—5.34	—4.03*	—2.03	—1.04	—0.02	—3.16*
4a	—1.08*	—0.70	—1.60	—3.89*	—5.77	—6.28	—5.70	—5.23	—4.03*	—2.07	—1.08*	—0.04*	—3.12
5a	—1.07	—0.77*	—1.59	—3.72	—5.25	—5.61	—5.20	—4.97	—4.00	—2.10*	—1.06	—0.04*	—2.95
6a	—1.06	—0.76	—1.51	—3.09	—4.09	—4.34	—4.23	—4.32	—3.76	—2.09	—1.04	—0.03	—2.53
7a	—1.05	—0.70	—1.20	—1.82	—2.43	—2.76	—2.91	—3.20	—3.04	—1.88	—0.93	+0.01	—1.83
8a	—0.97	—0.54	—0.43	—0.16	—0.83	—1.53	—1.54	—1.80	—1.61	—1.24	—0.69	0.08	—0.94
9a	—0.72	+0.33	+0.71	+1.31	+0.34	—0.47	—0.44	—0.54	—0.16	—0.21	0.30	0.30	+0.03
10a	—0.29	1.11	1.81	2.27	1.04	+0.14	+0.22	+0.33	+0.94	+0.75	+0.47	0.72	0.79
11a	+0.20	1.90	2.56	2.73	1.36	0.38	0.51	0.77	1.58	1.42	1.04	1.18	1.31
12a	0.66	2.54	2.94	**2.82**	**1.42**	0.37	**0.57**	**0.88**	**1.80**	1.79	1.39	1.53	1.56
1p	**0.90**	2.94	**3.01**	2.65	1.24	0.18	0.36	0.70	1.68	**1.91**	**1.51**	**1.72**	**1.58**
2p	0.89	**3.06**	2.91	2.31	0.83	—0.15	0.03	0.31	1.31	1.76	1.40	1.67	1.36
3p	0.64	2.88	2.65	1.86	0.39	—0.65	—0.45	—0.17	0.79	1.36	1.04	1.39	0.97
4p	0.27	2.39	2.14	1.25	—0.30	—1.05	—1.05	—0.77	0.07	0.66	0.55	1.04	0.43
5p	—0.09	1.74	1.35	0.51	—1.12	—1.48	—1.79	—1.60	—0.96	—0.15	0.13	0.79	—0.23
6p	—0.23	1.20	0.39	—0.50	—2.06	—2.71	—2.62	—2.59	—2.09	—0.77	—0.16	0.66	—0.97
7p	—0.53	0.82	—0.27	—1.60	—3.24	—3.77	—3.59	—3.61	—2.94	—1.14	—0.35	0.57	—1.64
8p	—0.67	0.54	—0.67	—2.47	—4.72	—4.85	—4.63	—4.37	—3.41	—1.38	—0.50	0.49	—2.22
9p	—0.77	0.31	—0.91	—2.91	—5.13	—5.65	—5.38	—4.80	—3.67	—1.54	—0.64	0.40	—2.56
10p	—0.87	0.11	—1.13	—3.22	—5.52	—6.07	—5.79	—5.04	—3.84	—1.70	—0.76	0.29	—2.79
11p	—0.98	—0.07	—1.20	—3.43	—5.74	—6.27	—5.96	—5.21	—3.97	—1.83	—0.85	0.17	—2.95
12p	—1.02	—0.26	—1.39	—3.60	—5.84	—6.36	—6.01*	—5.26	—4.02	—1.90	—0.88	0.11	—3.03
Mittel (Potsdam)	—0.46	+0.67	+0.15	—1.03	—2.66	—3.32	—3.11	—2.81	—1.91	—0.69	—0.18	+0.54	—1.24
Mittel (Bergedorf)	—0.82	—1.09	—0.96	—0.90	—2.03	—3.20	—2.28	—2.49	—2.16	—1.72	—0.96	—0.89	—1.62
Mittel (Pawlowsk)	—1.58	—1.02	—1.63	—0.12	—0.31	—1.47	—1.71	—2.05	—1.02	—1.20	—2.15	—1.92	—1.36

Letzte Veröffentlichungen des Preußischen Meteorologischen Instituts

Herausgegeben durch dessen Direktor

G. Hellmann

Nr. 279. Ergebnisse der Meteorologischen Beobachtungen in Potsdam im Jahre 1913, von R. Süring. Mit zwei Abhandlungen von R. Süring und W. Marten. 4°. XXXIV, 98 S. 1914. Preis 8 M.

Nr. 280. Regenkarten der Provinzen Hessen-Nassau und Rheinland sowie von Hohenzollern und Oberhessen. Mit erläuterndem Text und Tabellen, von G. Hellmann. Zweite vermehrte Auflage. 8°. 43 S., 2 Tafeln. 1914. Preis 2.50 M.

Nr. 281. Ergebnisse der Beobachtungen an den Stationen II. und III. Ordnung im Jahre 1912, von G. Lüdeling. Deutsches Meteorologisches Jahrbuch für 1912. Preußen und übrige norddeutsche Staaten. 4°. XVI, 182 S., 1 Karte. 1914. Preis 12 M.

Nr. 282. Ergebnisse der Gewitter-Beobachtungen in den Jahren 1911 und 1912, von Th. Arendt. 4°. XLII, 40 S. 1915. Preis 5 M.

Nr. 283. Ergebnisse der Niederschlags-Beobachtungen im Jahre 1913, von C. Kaßner. 4°. XXXIII, 156 S., 1 Karte. 1915. Preis 12 M.

Nr. 284. Bericht über die Tätigkeit des Königlich Preußischen Meteorologischen Instituts im Jahre 1914. Erstattet vom Direktor. Mit einem Anhang enthaltend wissenschaftliche Mitteilungen. 8°. 54, (136) S., 1 Tafel. 1915. Preis 6 M.

Nr. 285. Abhandlungen Bd. V. Nr. 2. System der Hydrometeore, von G. Hellmann. 4°. 27 S. 1915. Preis 2 M.

Nr. 286. Ergebnisse der Meteorologischen Beobachtungen in Potsdam im Jahre 1914, von R. Süring. Mit einer Abhandlung von W. Budig. 4°. XV, 96 S. 1915. Preis 8 M.

Nr. 287. Ergebnisse der Magnetischen Beobachtungen in Potsdam und Seddin im Jahre 1914, von Ad. Schmidt. 4°. 30, (28) S., 4 Tafeln, 20 Kurvenblätter. 1915. Preis 7 M.

Nr. 288. Anleitung zur Messung und Aufzeichnung der Niederschläge. Neunte Auflage. 8°. 16 S. 1915. Preis 70 Pfg.

Nr. 289. Abhandlungen Bd. V. Nr. 3. Ergebnisse der Magnetischen Beobachtungen in Potsdam und Seddin in den Jahren 1900—1910, von Ad. Schmidt. 4°. 52, (40) S. 1916. Preis 7 M.

Nr. 290. Bericht über die Tätigkeit des Königlich Preußischen Meteorologischen Instituts im Jahre 1915. Erstattet vom Direktor. Mit einem Anhang, enthaltend wissenschaftliche Mitteilungen. 8°. 42, (108) S., 1 Tafel. 1916. Preis 5 M.

Nr. 291. Abhandlungen Bd. V. Nr. 4. Die mondentägige Periodizität der horizontalen Komponenten der erdmagnetischen Kraft nach den Aufzeichnungen des Potsdamer Magnetographen in den Jahren 1891—1905, von O. Venske. 4°. 65 S. 1916. Preis 4 M.

Nr. 292. Bericht über die Tätigkeit des Königlich Preußischen Meteorologischen Instituts im Jahre 1916. Erstattet vom Direktor. Mit einem Anhang enthaltend wissenschaftliche Mitteilungen und einem Register zu den Jahrgängen 1907 bis 1916. 8°. 40, (85) S., 1 Tafel. 1917. Preis 4 M.

Nr. 293. Ergebnisse der Magnetischen Beobachtungen in Potsdam und Seddin im Jahre 1915, von Ad. Schmidt. 4°. 36, (32) S., 4 Tafeln, 24 Kurvenblätter. 1917. Preis 8 M.

Nr. 294. Ergebnisse der Meteorologischen Beobachtungen in Potsdam im Jahre 1915, von R. Süring. Mit einer Abhandlung von W. Budig. 4°. XVI, 98 S. 1917. Preis 8 M.

Nr. 295. Abhandlungen Bd. V. Nr. 5. Beobachtungen der Dämmerung und von Ringerscheinungen um die Sonne 1911 bis 1917. von C. Dorno. 4°. IV, 94 S., 14 Tafeln. 1917. Preis 9 M.

Nr. 296. Beiträge zur Geschichte der Meteorologie, von G. Hellmann. Zweiter Band (Nr. 6—10). gr. 8°. VI, 340 S., 3 Tafeln, 1 Tabelle. 1917. Preis 15 M.

Nr. 297. Ergebnisse der Gewitter-Beobachtungen in den Jahren 1913, 1914 und 1915, von Th. Arendt. 4°. XXXI, 66 S. 1918. Preis 8 M.

Nr. 298. Ergebnisse der Magnetischen Beobachtungen in Potsdam und Seddin im Jahre 1916, von Ad. Schmidt. 4°. 24, (28) S., 4 Tafeln, 9 Kurvenblätter. 1919. Preis 10 M.

Nr. 299. Ergebnisse der Meteorologischen Beobachtungen in Potsdam im Jahre 1916, von R. Süring. 4°. IX, 96 S. 1919. Preis 10 M.

Nr. 300. Ergebnisse der Niederschlags-Beobachtungen im Jahre 1914, von C. Kaßner. 4°. XXX, 140 S., 1 Karte. 1919. Preis 12 M.

Nr. 301. Ergebnisse der Beobachtungen an den Stationen II. und III. Ordnung im Jahre 1913, von G. Lüdeling. Deutsches Meteorologisches Jahrbuch für 1913. Preußen und übrige norddeutsche Staaten. 4°. XII, 140 S., 1 Karte. 1919. Preis 12 M.

Vorstehende Veröffentlichungen sind im Kommissionsverlage von Behrend & Co., Nr. 280 in dem von Dietrich Reimer (Ernst Vohsen) in Berlin erschienen.

MIX
Papier aus verantwortungsvollen Quellen
Paper from responsible sources
FSC® C105338

If you have any concerns about our products,
you can contact us on
ProductSafety@springernature.com

In case Publisher is established outside the EU,
the EU authorized representative is:
**Springer Nature Customer Service Center GmbH
Europaplatz 3, 69115 Heidelberg, Germany**

Printed by Libri Plureos GmbH
in Hamburg, Germany